广西教育科学规划2021年度中等职业教育教材开发重点专项课题

"中职生职商提升训练手册教材开发实践与研究"（课题编号：2021ZJY835）

U0737008

中职生职商（CQ）提升训练

主　编　林　清　　王文燕

副主编　宋志华　　范明雄　　叶丽君

主　审　穆家庆

合肥工业大学出版社

图书在版编目（CIP）数据

中职生职商（CQ）提升训练/林清，王文燕主编.—合肥：合肥工业大学出版社，2024.3
ISBN 978-7-5650-6337-4

Ⅰ.①中… Ⅱ.①林… ②王… Ⅲ.①职业道德—中等专业学校—教学参考资料 Ⅳ.①B822.9

中国国家版本馆 CIP 数据核字（2023）第 124236 号

中职生职商（CQ）提升训练

林　清　王文燕　主编　　　　　责任编辑　毕光跃

出　版	合肥工业大学出版社	版　次	2024 年 3 月第 1 版
地　址	合肥市屯溪路 193 号	印　次	2024 年 3 月第 1 次印刷
邮　编	230009	开　本	787 毫米×1092 毫米　1/16
电　话	理工图书出版中心：0551-62903204	印　张	8
	营销与储运管理中心：0551-62903198	字　数	190 千字
网　址	press.hfut.edu.cn	印　刷	安徽联众印刷有限公司
E-mail	hfutpress@163.com	发　行	全国新华书店

ISBN 978-7-5650-6337-4　　　　　　　　　　定价：39.00 元

如果有影响阅读的印装质量问题，请与出版社营销与储运管理中心联系调换。

广西中等职业学校
"三全育人"教材开发实践研究建设成果
《中职生职商（CQ）提升训练》教材编审委员会

顾　问　蓝　洁　兰　瑛　陈一鑫
主　编　林　清　王文燕
副主编　宋志华　范明雄　叶丽君
参　编　李颖业　王玲珍　唐　静　管泳富
　　　　汤　珂　邱　亿　戴星媚　张　兵
主　审　穆家庆

序　一

  职业教育是以培养技术技能型人才为目标的教育。职业教育的教材是技术技能型人才培养的主要载体，是学生获取知识的重要工具，是影响人才培养质量的关键因素。为了提升我区中职学生的思想道德素质、科学文化素质和身心健康素质，促进教材编写吸收比较成熟的新技术、新工艺、新规范，更好地贯彻落实《广西壮族自治区人民政府关于印发广西职业教育改革实施方案的通知》（桂政发〔2019〕35号）精神，广西教育科学规划领导小组2021年设立了广西教育科学规划中等职业教育教材开发重点专项课题"广西中等职业学校'三全育人'教材开发实践研究"，通过教材开发，从加强全员育人、全程育人、全方位育人的角度，开展培养新型技能人才的研究。一是充分发挥专业课教师的主体作用，组织区内长期耕耘在职业教育教学一线具有课题研究经验的教师参与课题研究。二是充分发挥行业企业的指导作用，推动中职学校与行业企业合作开发专业课程和教学资源。三是充分发挥课程专家的引领作用，编写符合我区中职学生学习水平与特点的高质量教材，努力打造一批有影响力、具有示范作用的中等职业教育教材，达到在技术技能型人才培养目标、专业结构布局、课程教材体系等方面深度融合的目标，大力推进职业教育与行业协同发展。

  本课题研究突出职业教育特点，落实立德树人根本任务，将学科知识与工作知识深度融合，注重以真实生产项目、典型工作任务、案例等为载体组织教学单元"，综合了我区中等职业学校办学类型、分布地域、行业领域等多种因素，集中体现了"十三五"以来广西职业教育改革成果，其中既有壮乡首府紧跟时代发展脉搏的新能源技术类教材，也有滨海城市欢迎天下来客的服务成长类教材，既有红色老区践行品德培养的德育类教材，也有中国家地理标志产品、广西老品牌产品加工工艺类教材。诸类教材注重实训操作、案例讲解，易学易懂。

  一本好的教材既是教师教学的好助手，也是学生学习的好向导。祈望本课题的研究成果

《新能源汽车动力电池及电池管理系统检修》《中职生职商（CQ）提升训练》《坭兴陶产品开发与营销》《评茶》《护士职业素养融合教程》《机械基础》等，能为广西中等职业教育教材的编写提供借鉴，也希望职教界同仁在使用教材的过程中提出宝贵意见。

本课题的研究成果在编写过程中得到了资深从业人员、行业专家、企业界高级管理人员的大力支持，并提供了宝贵意见，为本课题研究成果的出版提供了帮助，在此一并表示衷心感谢。

广西中等职业学校"三全育人"教材开发实践研究课题组
2023年8月

序　二

　　阅读完《中职生职商（CQ）提升训练》样稿，我忽然想到英联邦国家的一个"灵活与混杂"（Flexible and Blending）的职业技术"弹性技能培养"培训项目。该项目为尼日利亚、刚果等几十个非洲欠发达国家培养了大量的技能型人才。他们在进行职业技术培训之前，先对受训对象进行一段时间职业技术以外的能力干预，例如基本信息技术能力、与雇主相处的艺术、基本市场分析能力等。北海市中等职业技术学校将CQ定义为"独立于专业职业技能外的，胜任职场意识、素养和能力的综合素质"，我感觉CQ训练与"弹性技能培养"培训前的能力干预有异曲同工之处，而且从理论和实践的角度来看，前者比后者更有系统性。

　　我国中等职业教育学校的培养目标是培养出在生产、服务一线工作的高素质劳动者和技能型人才。目前国内大多数中职学校都将"技能"作为培养的重点，对创新意识的培养有所欠缺。几年前，基于教育部2013年印发的《中等职业学校教师专业标准（试行）》，我做了一个调查，问卷涉及全国12个省、市、自治区的1000名中职教师，仅有1/5的教师表示能够努力培养学生的创新意识和创造能力。可为什么有近80%的老师没有去尝试培养学生的创新意识和创造能力呢？我想，这或许与大家都认为中职生的文化素质普遍不高有关。很多老师认为，中职生能完成基本的文化课学习就很不错了，剩余的时间应该放在技能的培养上。我们不能要求每一位中职生都具备创新能力，但是让他们有机会体验创新的意识、思维和一些训练方法，并不比文化课和技能学习要求高。北海市中等职业技术学校将最简单、最容易上手的"求同"与"求异"创新思维和训练方法纳入CQ训练中，如果将这种训练方法推荐给那80%的老师，大家再继续完善和提升它，相信中职生的创新能力会有较大的提升。

　　英国流行一种叫BTEC（Business and Technology Education Council，英国商业与技术教育委员会）课程的职教模式，其主要目的是培养学生胜任工作岗位的能力。BTEC课程实现了英国从精英教育向大众教育的转变，培养了大批高素质技术型人才。但不少批评人士指出，该模式忽视了对学生道德品质和内在精神的熏陶，容易导致学生沦为岗位的奴隶。如果有一天北海市中等职业技术学校的师生的能到英国学习交流，或许可以和英国同行们一起探讨用CQ训练来弥补BTEC课程模式的不足。

在职业教育高质量发展的今天，北海市中等职业技术学校的CQ训练的改革尝试值得我们敬佩和学习。我相信只要坚持"需求出发、问题导向、专业引领"的思路，努力为学生建构包括适应不同个性、激发多元参与、利于身心发展的职业素养训练模式，北海市中等职业技术学校一定能够培养出更加适应社会和企业需要的技能型人才。

涂三广博士　副研究员

教育部职业教育发展中心

2023年6月

二维码索引

页码	微课名称	二维码	页码	微课名称	二维码
7	职场即修为认知要趁早		34	应变力	
9	责任意识		43	平凡因奉献而伟大	
19	有效提升心理素质的9个方法		48	操作素养	
28	如何让自己成为有亲和力的人		58	适应能力差怎么办可以试试这样做	
29	表现力小技巧		67	用好情绪控制的调节阀	

页码	微课名称	二维码	页码	微课名称	二维码
73	读懂微表情 提升洞察力		95	文化素养	
78	跟过度压力 说拜拜		103	自学能力 提升小妙招	
82	规划能力		106	组织协调能力	
87	执行力		113	管理能力	
92	不破不立 晓喻新生				

目　　录

概　述

训练目标　通过本单元的学习，可以使学生初步了解职商的含义，理解职商的内涵及职商具体包含的三个维度，能够意识到职商越高的人，越容易获得职业成功。而通过系统的职商训练，可以让自己寻找到更多的就业和创业机遇，并在职场中立于不败之地。

情景导入

> 在日常生活中，聪明的、能够快速解决问题的学生，我们说他（她）智商高；能够很好地处理人际关系，很好地调整控制自己情绪的学生，我们说他（她）情商高。想一想，如果一个人在工作环境中能够很好地解决各种问题，胜任工作的各项能力很强，他（她）是在哪些方面比较优秀呢？

> 老师，这位同学是各方面都很优秀吧！

> 美国一位学者布莱尔·奥尔辛借鉴大家广为熟知的智商（Intelligence Quotient, IQ）和情商（Emotional Quotient, EQ）的概念，把这种职场胜任能力叫作职商（Career Quotient, CQ）。

一、职商的含义

布莱尔·奥尔辛认为，职商是职业胜任力的一个量化标准，代表着一个人在创业、就业、从业等职业活动中各种胜任素质的综合水平与同类群体相比较而言所处的位置，包含判断力、精神气质、积极态度等的综合智慧，其内涵涵盖四个方面：职业化的工作技能、职业化的工作形象、职业化的工作态度、职业化的工作道德。

通俗地说，职商的四个内涵就是"像个做事的样子""看起来像这一行的人""用心把事情做好""对一个品牌信誉的坚持"。

职商即职场胜任能力。职商不仅是工作时智商与情商的综合体验，还包含一个人的判断能力、精神气质、积极态度的综合智慧，它关乎自我与工作、现状与发展的契合度。职商越高的人，越容易获得职业成功。

知识
拓展

【案例故事1】

有一位护士专业的毕业生在一家大医院进行毕业实习。实习期满，如果能让院方满意，就可留下当正式护士。一天，医院来了一位生命垂危的伤员，实习护士被安排做主刀医生的助手。手术从清晨一直做到黄昏，眼看患者的伤口即将缝合，这名实习护士突然严肃地盯着主刀医生说："我们用的是12块纱布，可您只取出来了11块。""我已经全部取出来了，一切顺利，立即缝合！"主刀医生头也不抬，不屑一顾地回答。"不，不行！"实习护士高声抗议道："我记得清清楚楚，手术中我们共用了12块纱布！"主刀医生没有理睬她，命令道："听我的，准备缝合！"这名护士毫不示弱，大声叫了起来："您是医生，您不能这样做！"直到这时，主刀医生冷漠的脸上才浮起了一副欣慰的笑容，他举起右手心握着的第12块纱布，向在场的人宣布："这是我最满意的助手！"于是这名实习护士成了这家大医院的正式护士。这名实习护士的举动，绝不仅仅体现了认真，还体现了她作为一个医务工作者强烈的职业意识，是职业意识使她成了这家大医院的正式护士。

读读想想：这名实习护士具备哪些职业意识？

【案例故事2】

张莹是旅游服务管理专业的学生，对形象设计化妆课程特别感兴趣，平时喜欢利用业余时间研究化妆品。毕业后，她想从事化妆品研发工作。由于专业不对口，她几次应聘一家心仪的化妆品公司都被拒绝，但她没有气馁，而是及时改变求职策略。她用了一个月的时间，到市场对该公司进行调研，并有针对性地走访了一些职场人士及爱好美容的女士，找出该公司产品存在的短板，并请教了一位化工企业专家。随后，她发挥自己的中文优势，整理出一份详细的报告书，直接找到自己想应聘的那家化妆品公司，并真诚地提出自己的建议及愿望。该公司总经理看到报告书后，被张莹对工作的热爱与执着所感动，遂破格录用了她。

读读想想：张莹的求职为什么能成功？

思考一下，职业意识和求职能力还体现在哪些方面，说说你对职商的理解。

二、职商的三个维度

职商由三个维度的能力构成：职业意识、职业素养、职场竞争力。

（一）职业意识

关于职业意识的定义，主要有以下几个方面。

（1）职业意识是作为职业人所具有的意识，以前被称为主人翁精神，具体表现为具有基本的职业道德。职业意识由就业意识和择业意识构成，既影响个人的就业和择业方向，又影响整个社会的就业状况。就业意识指人们对自己从事的工作和任职角色的看法，择业意识指人们对自己希望从事的职业的看法。

（2）职业意识是人们对职业劳动的认识、评价、情感和态度等心理成分的综合反映，是支配和调控全部职业行为及职业活动的调节器，它包括责任意识、奉献意识和创新意识等方面。

（3）职业意识是职业道德、职业操守、职业行为等职业要素的总和。职业意识是用法律、法规、行业自律、规章制度、企业条文来体现的，既有社会共性的，又有行业或企业相通的。它是每个人从事你所工作的岗位的最基本的，也是必须牢记和自我约束的。

（4）职业意识是指人们对职业的认识、意向及对职业所持的主要观点。职业意识的形成不是突然的，而是经历了一个由幻想到现实、由模糊到清晰、由摇摆到稳定、由远至近的产生和发展过程。

（二）职业素养

职业素养是人们从事某种职业内在的规范和要求，是在职业生涯过程中表现出来的综合品质，主要包括以下三个方面。

（1）身心素养。身心素养是身体素养与心理素养的合称，包括应具备健康的体格、全面发展的身体耐力与适应性、合理的卫生习惯与生活规律、稳定向上的情感力量、坚强恒久的意志力量、鲜明独特的人格力量。

（2）操作素养。操作素养是指通过强调意识、训练等手段，提高职业操作水准及素质，养成良好的习惯，遵守操作规则及道德规范，并将良好工作习惯转化为固有素养。

（3）文化素养。文化素养是指在学习文化知识后，通过自己的语言、文字、动作和气质体现出来的一种素质和修养，并形成以文化的根本思维和具体方法指导生活方式、行为习惯、工作方法的文化自觉。

（三）职场竞争力

职场竞争力就是一个人在职业生涯中所具有的独特的、有竞争力的技能、态度、知识等各个方面的总和。通常而言，职场竞争力越高，职业生涯中的绩效表现就越好，职业上升和选择空间就越大，对职业环境的应对能力就越强。当然，这只是一种通俗的说法，并不是严格的定义。但是，从这里面不难看出，职场竞争力对于一个人的职业生涯意义重大。在就业市场萎缩的时候，职场如战场，要想让自己在这场激烈的"战役"中存活下来，职场竞争力就显得尤为重要。

职场竞争力包括亲和力、表现力、应变力、环境适应力、情绪控制力、职场洞察力、抗压能力、规划能力、执行力、自学能力、组织协调能力和管理能力等，如图0-1所示。

图0-1 职场竞争力包括的内容

测一测你的职商指数

职商是一种包含判断能力、精神气质、积极态度的综合智慧，它关乎自我与工作、现状与发展的契合度。职商越高的人，越容易获得职业成功。下面请同学们一起参与来测试自己的职商吧！下面的测试题，你根据自己的情况，选择一个最佳选项。

（一）基本礼仪测试

1. 每天出门前面对镜子，你会怎么做？（　　）

　　A. 前后左右仔细打量一番，看看是否得体无误。

　　B. 露出一个大大的笑脸，鼓励一下自己。

　　C. 匆匆路过镜子，稍微看一下自己的脸是否还睡眼惺忪。

　　D. 根本没有心情照镜子，经常找不到镜子在哪里。

2. 你每天整理自己仪容的次数大约是多少？（　　）

　　A. 大约每两小时一次，时刻保持自己的职业形象。

　　B. 午餐的时候找时间做调整。

　　C. 除非有重要的场合要出席或发生意外情况，否则没有空闲时间整理仪容。

　　D. 根本就不会顾及这个方面的事情。

3. 你现在愿意改变工作方式在家办公吗？（　　）

　　A. 不会，不希望自己脱离主流职场被边缘化。

　　B. 似乎有些吸引力，但是我还是不会选择，我需要和社会保持密切接触。

　　C. 无所谓吧，我随便，视工作性质而定。

　　D. 热烈倡导，在家办公自由无拘束，正是我的梦想。

（二）职业素养

4. 工作时，你会经常打电话或者发送微信聊天吗？（　　）

　　A. 这怎么可能？！我工作都忙不过来呢！

　　B. 偶尔吧，空闲的时候可能会打一个电话，多半是私事。

C. 有空就打电话或上网。

D. 几乎天天有一半甚至更多的时间泡在网上聊天。

5. 你的办公桌上摆着哪些东西？（　　）

  A. 钟   B. 植物

  C. 照片或玩具   D. 除了文件其他什么东西都没有

（三）职业意识

6. 工作时你会陷入空想，将工作搁置下来吗？（　　）

  A. 从来没有，我是个实干家。

  B. 偶尔，当我太累的时候，可能会不自觉地发呆。

  C. 有时候会突然陷入一种心境怀念，但还不算太频繁。

  D. 经常陷入空想，几乎不能自我控制。

7. 走在路上，你听到有钥匙掉落在地上的声音，你的直觉告诉你那是什么？（　　）

  A. 错觉，我这么严谨怎么会遗落东西呢？

  B. 只有一把钥匙。

  C. 两三把钥匙。

  D. 一大串钥匙。

8. 和上司一起参加一个社交活动，你会（　　）。

  A. 无拘无束，很豪放，尽量表现自己的"八面玲珑"。

  B. 开始时可能略有矜持，但礼仪得当，能营造出和谐融洽的气氛。

  C. 害羞，有些不知所措，但仍然能够主动打招呼说话，融入气氛。

  D. 十分谨慎，感到很不合群，几乎不太说话。

9. 年终发红利的时候，你会（　　）。

  A. 感觉很开心，又可以请客户玩了。

  B. 对红包的厚度十分自信，这下要好好慰劳自己。

  C. 紧张得像看成绩单，打开之前心里忐忑不安。

  D. 完全提不起兴趣。

10. 当你和上司的意见不一致时，你会（　　）。

  A. 据理力争，坚定表现自己的立场，并且提高自己的音量。

  B. 以柔克刚，尽量提出双方都能接受的解决方法。

  C. 连续争辩，否则就保持沉默，一切让上司决定。

  D. 上司那么凶，我根本不敢和他提出会引起争议的问题。

11. 如果你的大老板越过你的顶头上司直接向你布置任务，你会如何应对？（　　）

  A. 尽善尽美地完成，牢牢抓住这个表现的机会。

  B. 谦逊地向顶头上司请教，并将功劳的一半分给顶头上司。

  C. 直接推给顶头上司。

D. 大肆宣扬，借以炫耀自己受到了大老板的器重。

12. 如果一位同事在你面前议论其他同事，你会（　　　）。

　　A. 表现出厌恶，可能会粗暴地打断他。

　　B. 继续手中的工作，并婉转地提醒他现在是工作时间。

　　C. 虽然不发表意见，但也感到好奇，暂停工作听他说。

　　D. 很有兴趣，并和他一起展开议论。

13. 遇到有异性同事开过火的玩笑，你会（　　　）。

　　A. 这样的事情司空见惯，跟着一起开玩笑，谁怕谁啊。

　　B. 用委婉的方式表达自己的不悦，让对方停止但也不伤和气。

　　C. 忍气吞声，自己勉强也跟着笑两声。

　　D. 立刻翻脸，不留一点儿情面。

（四）职业行为

14. 最近你最常和谁一起吃晚餐？（　　　）

　　A. 上司　　　B. 客户　　　C. 同事　　　D. 家人和朋友

15. 如果你在事业上非常成功，但你常常觉得工作压力很大，你将如何调整心态？（　　　）

　　A. 运动，打球或去健身房，彻底放松自己。

　　B. 学做小菜，如辣子鸡丁，给家人一个惊喜。

　　C. 卸下工作时的模样，出去和朋友疯狂。

　　D. 整理房间，上网，顺便为自己的发展找一条后路。

16. 对于培训、集体旅游、健身等公司福利，你是如何看待的呢？（　　　）

　　A. 我更愿意公司送我到国外进行培训，我很想进一步"充电"。

　　B. 旅游和健身我都很喜欢，不但陶冶情操、锻炼身体，而且可以学到很多知识。

　　C. 不管是什么福利，只要是公司提供的就要充分享受。

　　D. 不要福利，还不如兑换成现金。

17. 你有没有多次做同一个梦的情况？（　　　）

　　A. 从来没有，我很少做梦。

　　B. 好像有过，但是记不清楚。

　　C. 明确记得有过，感觉很诡异。

　　D. 经常做同一个梦，感到很疑惑，有时也会害怕。

18. 冬天又到了，你对冬天经常有的感觉是什么？（　　　）

　　A. 年终又是一个繁忙的时间，工作一定要安排妥当才行。

　　B. 白雪飘飘，美不胜收，只是下雪了容易迟到。

　　C. 就一个字——"冷"。

　　D. 我讨厌冬天，心情和天气一样阴霾。

（五）得分综合评价

选项对应的分数：A：8分　B：5分　C：3分　D：1分。

121～144分　你对职业过分满足！也就是说，你是一个"工作狂"。你是典型的"职业强人"，建议你不妨轻松一下。

93～120分　你的职商很高，完全能够胜任目前的工作。你是一个聪明而能干的人，并且懂得爱惜自己。但能否实现个人价值，就要看运气了。

70～92分　你是一个重生活的人。如果你没有想当领导的念头，那么明年依然能够顺利发展，但不会有很大的起色。作为职场能人，你可能被大多数人羡慕，因为工作稳定而不太操劳。建议你不要轻易跳槽，当然如果有绝好的机会也不要放弃。如果你再勤奋一些，也许你在职场上能够变得非常出色。

43～69分　看来你不太适合这份工作，或者你真的不太了解职场的规则。今后，你可以多注意一些职场的新动态，如果有合适岗位不妨给自己一个重新开始的机会。当然，你也可以利用辞旧迎新的时机，重新定位自己的职业形象。从职业的角度来说，你的工作风格似乎有点儿琐碎。让自己的心胸再广阔一些吧，这样你的机会将会更多更好。

18～42分　你的职业状况简直"病入膏肓"！你极度不满意自己的职业。毫无疑问，你没有必要再干下去，否则很可能染上心理疾病。立即鼓足勇气去寻找令你满意的工作吧，新时代的职业人，应该有一份适合自己的事业！

微课1　职场即修为
认知要趁早

责任意识

天下兴亡，匹夫有责。——顾炎武

训练目标 通过自我行为检测、案例分析、拓展实践训练，让学生培养自己的责任意识，增强社会责任感和主人翁使命感，把个人发展与国家需要、社会发展、求职单位的利益相结合，愿意为实现个人职业生涯发展和社会发展主动做出努力。

情景导入

> 当我们看到为病人吸痰的护士，冲入火海救人的消防员，与毒贩殊死搏斗的缉毒警察……同学们想一想，是什么原因让他们不怕危险、不怕牺牲呢？

> 老师，是因为他们的思想觉悟高。

> 因为他们都具有强烈的责任意识，自觉、认真地履行岗位职责，所以面对疾病、灾难、暴徒等危险时才会奋不顾身、英勇无畏。

一、知识准备：责任意识的含义

责任通常有以下两个含义：一是指社会道德上，个体分内应做的事，如职责、尽责任、岗位责任等；二是指没有做好自己的工作，而应承担的不利后果或强制性义务。责任意识就是清楚明了地知道什么是责任，能自觉、认真地履行社会职责和在参加社会活动过程中的责任，并具有把责任转化到行动中的心理特征。

二、实践训练：自我测试

（一）测试题

你是有责任意识的人吗？通过下面的测试，你可以测一测你的责任意识如何。每个题目你只需回答"是"或"否"。

（1）早晨需要在某一时刻起来时，你会提前调好闹钟。

（2）你的朋友认为你这个人比较可靠。

（3）你从不丢三落四。

（4）如果在街上捡到一件值钱的物品，你会交给警察。

（5）外出游玩如果一时之间找不到垃圾桶，你会把垃圾带回家。

（6）为了保持健康你经常运动。

（7）你很少吃有害健康的食物。

（8）你永远会先做正事，再做其他事情。

（9）在选举活动中，你经常谨慎投票。

（10）收到别人的信息，你总会在一两天内就回复。

（11）"既然决定做一件事情，那么就做一个负责任的人，不要轻易放弃。要把它做好。"你相信这句话。

（12）你对自己的身体状况比较了解。

（13）你认为自己比大多数人要守信用。

（14）你很少拖延交作业。

（15）你经常帮忙做家务。

微课2 责任意识

（二）结果分析

计分方法：如果你回答"是"，请为自己计上1分；如果回答"否"，请为自己计上0分。

10～15分：你是一个责任意识很强的人，行事谨慎、稳重，为人可靠。

3～9分：大多数情况下，你比较有责任意识，只是偶尔会率性而为，欠考虑。

0～2分：你是一个缺乏责任意识的人，随随便便，漫不经心，经常一次又一次地逃避责任。

知识拓展

【案例故事】

某酒店要裁员，裁员名单公布了，有前厅部的小梅和小君，规定一个月后离岗。那天，她俩的眼圈都红红的，前厅部的同事看她俩都小心翼翼地，更不敢多说一句话。

第二天上班，小梅的情绪仍然很激动，心里憋气，什么也不想干，一会儿找同事哭诉，一会儿找经理申冤。预订房间、入住登记、接听电话这些平时她应该干的活，她全扔在一边，别人只好替她干。小君呢，她也哭了一个晚上，可是难过归难过，离走还有一个月呢，工作总不能不做，于是她默默地打开计算机，敲击键盘，将客人入住资料输入计算机中。同事知道她将要下岗，不好意思再找她干活了。她特地和大家打招呼，主动揽活。她说："大家同事一场，好聚好散，反正也就这样了，不如好好干完这个月，以后想和你们一起干都没有机会了。"于是，同事又像从前一样："小君，407退房，帮忙办一个手续。""小君，电话响了，帮忙接一个电话。"小君总是连声答应，随叫随到，一如既往地热情，坚守着她的岗位，坚守着她的职责。

一个月后，小梅如期下岗，小君的名字却被老总从裁员的名单中删除了。前厅部经理当众宣布了老总的话："小君的岗位谁也无法代替，像小君这样的员工，酒店永远也不会嫌多。"

读读想想：你认为小梅和小君的责任意识怎样？是什么原因让在裁员名单中的小君留了下来？

拓展实践训练

1. 微观改善法

先确定一个小目标。责任心与执行力密切相关，一个毫无执行力的人是很难有责任心的。因此，你应寻找一个难度适中、容易达成的小目标，逐步培养自己的执行能力，慢慢地会走向一个正向反馈之路。微观改善法流程如图1-1所示。

制订计划 ▶ 执行计划 ▶ 完成计划 ▶ 获得成就满足感 ▶ 进一步制订更难的计划 ▶

图1-1　微观改善法渐进图

2. 共情训练法

培养和自己班级同学或者亲友的共情能力。了解他们最近有什么小困难、小要求，尽量帮他们完成。

三、自我测评与提升

1. 体验过程

以小组为单位，综合自己学习过的责任意识相关知识，寻找身边最有责任意识的人，和他交流沟通，了解他平时的一些习惯、他的三观、处理问题的方式方法，不断以他为目标完善自己。通过学习对比，你有进步了吗？根据体验过程，完成下表。

表1-1　责任意识体验过程分析表

观察模仿对象：_____

小组成员：_____

内容过程	问题分析
观察对象有哪些有责任意识的行为？请列举	
在观察模仿中，你制定了哪些目标来提高自己的责任意识？	
感言	

2. 克服障碍

　　责任意识是一个人做好任何一件事都不可或缺的心理品质。缺乏责任意识，小学生连扫地、擦黑板这样的小事都干不好；缺乏责任意识，公司员工会把本该自己完成的工作当作儿戏，从而给公司造成不可挽回的损失；缺乏责任意识，科学家不可能有诸多推动人类进步的发明创造；缺乏责任意识，政府官员就会忘记自己的公仆角色，而成为社会蛀虫……无疑，具备较强的责任意识有益于促进职场人的人际关系的改善和职业生涯的发展。

　　提升你的责任意识，在学校学习期间培养自己的责任感。针对你的不足，请制订一个克服困难的行动计划，在计划中你需要参加一项社会公益活动或义务劳动，在实践中体会到奉献的乐趣，从而树立帮助他人、服务社会的责任感。根据你的行动计划，完成表1-2填写。

表1-2　提升责任意识行动计划

行动计划	
你目前需要克服的困难	
行动目标	
行动方法	
行动安排	
行动保障	

身心素养

学在苦中求，技在勤中练。——谚语

训练目标 通过自我心理健康测试、案例分析、拓展实践训练，强化学生个人的身心素养锻炼，使其：具有强健的身体，能对一切有益于身心健康的事件或活动做出积极反应；应变能力强，可以坦然地面对现实；有良好的自我意识，能比较好地调节自己的情绪，不会被悲观的情绪支配。

情景导入

> 当我们看到动车、邮轮、客机上的年轻乘务员们在各自工作岗位上以阳光的精神面貌，熟练地运用岗位技能为乘客服务，面对乘客遇到的各种各样的困难、提出的要求，不畏缩，不慌乱，淡定地合情合理地有序处理，连续几个小时工作依然精力充沛、笑容满面时，同学们对他们敬业的职业精神很敬佩吧！自己能不能也像他们一样今后在工作岗位上有如此出色的表现呢？

> 当然希望也能像他们一样在职场上尽快适应环境、有工作担当，能出色完成任务。老师，在职场上要具备什么样的职场素养呢？

> 要想在职场上有专业发展，必须具备得体的职场礼仪、良好的职场心态、积极的职业精神、创新式学习意识、完美的执行力等，也就是说具有良好的身心素养，是你在职场顺利发展的基础。

一、知识准备：身心素养的含义

身心素养是身体素养与心理素养的合称。优秀的身心素养包括健康的体格、全面发展的身体耐力与适应性、合理的卫生习惯与生活规律、稳定向上的情感力量、坚强恒久的意志力量、鲜明独特的人格力量等。

二、实践训练：自我测试

（一）学生心理健康评定量表

测量目的：学习心理健康测评的方法，综合评定中学生心理健康水平。

测量说明：高中阶段的学生的生理发育进入成熟期；心理上也是自我意识形成的关键期，存在较多的心理冲突。可以通过该量表测量个人心理状态的变化情况。

量表简介：中国中学生心理健康量表（见表2-1）来源自王极盛教授等于1997年撰写的《中国中学生心理健康量表的编制及其标准化》。该量表共由60个项目组成，包括10个分量表。它们分别为强迫症状、偏执、敌对、人际关系敏感、抑郁、焦虑、学习压力感、适应不良、情绪不稳定、心理不平衡。该量表既可以从整体上衡量受试者的心理健康状况，又可以根据每个量表的平均分进行评价。

量表导语：下面是有关你近10天状态的问题，请你仔细阅读每个题目，然后根据你自己的实际情况认真填写。每个题目没有对错之分，请你尽快回答，不要在每道题上过多思考。每个题目后面都有五个等级（无、轻度、中度、偏重、严重）供你选择，依次用1、2、3、4、5表示；只能选择一个等级，在相应的数字上画"√"。答完试题之后，请你认真检查一遍是否有漏项的，如果有漏项的请你补上，如果有一道题目选择两个等级的请更正。

表2-1　中国中学生心理健康量表

姓名：_____　　性别：_____　年龄：____　学校：_____　班级：_____
是否班、队干部：_____　　是否独生子女：____　是否单亲家庭：_____

	无←……→严重
1. 我不喜欢参加学校的课外活动。	1　2　3　4　5
2. 我的心情时好时坏。	1　2　3　4　5
3. 我做作业时必须反复检查。	1　2　3　4　5
4. 我感到人们对我不友好，不喜欢我。	1　2　3　4　5
5. 我感到苦闷。	1　2　3　4　5
6. 我感到紧张或容易紧张。	1　2　3　4　5
7. 我的学习劲头时高时低。	1　2　3　4　5
8. 我对现在的学校生活感到不适应。	1　2　3　4　5
9. 我看不惯现在的社会风气。	1　2　3　4　5
10. 为保证正确，我做事时必须做得很慢。	1　2　3　4　5
11. 我的想法总与别人不一样。	1　2　3　4　5
12. 我总担心自己的衣服不整齐。	1　2　3　4　5
13. 我容易哭泣。	1　2　3　4　5

14. 我感到前途没有希望。　　　　　　　　　　1　2　3　4　5

15. 我感到坐立不安、心神不定。　　　　　　　1　2　3　4　5

16. 我经常责怪自己。　　　　　　　　　　　　1　2　3　4　5

17. 当别人看着我或谈论我时，我感到不安。　　1　2　3　4　5

18. 我感到别人不理解我。　　　　　　　　　　1　2　3　4　5

19. 我常发脾气，想控制但控制不住。　　　　　1　2　3　4　5

20. 我觉得别人想占我的便宜。　　　　　　　　1　2　3　4　5

21. 我经常大叫或摔东西。　　　　　　　　　　1　2　3　4　5

22. 我总在想一些不必要的事情。　　　　　　　1　2　3　4　5

23. 我必须反复洗手或反复数数。　　　　　　　1　2　3　4　5

24. 我总感到有人在背后谈论我。　　　　　　　1　2　3　4　5

25. 我时常与人争论、抬杠。　　　　　　　　　1　2　3　4　5

26. 我觉得大多数人不可信任。　　　　　　　　1　2　3　4　5

27. 我对做作业的热情忽高忽低。　　　　　　　1　2　3　4　5

28. 同学考试成绩比我高，我感到难过。　　　　1　2　3　4　5

29. 我不适应老师的教学方法。　　　　　　　　1　2　3　4　5

30. 老师对我不公平。　　　　　　　　　　　　1　2　3　4　5

31. 我感到学习负担很重。　　　　　　　　　　1　2　3　4　5

32. 我对同学忽冷忽热。　　　　　　　　　　　1　2　3　4　5

33. 上课时，我总担心老师提问自己。　　　　　1　2　3　4　5

34. 我无缘无故地突然感到害怕。　　　　　　　1　2　3　4　5

35. 我对老师时而亲近，时而疏远。　　　　　　1　2　3　4　5

36. 一听说要考试，我心里就感到紧张。　　　　1　2　3　4　5

37. 别的同学穿戴比我好、有钱，我感到不舒服。　1　2　3　4　5

38. 我讨厌做作业。　　　　　　　　　　　　　1　2　3　4　5

39. 家里环境干扰我学习。　　　　　　　　　　1　2　3　4　5

40. 我讨厌上学。　　　　　　　　　　　　　　1　2　3　4　5

41. 我不喜欢班里的风气。　　　　　　　　　　1　2　3　4　5

42. 父母对我不公平。　　　　　　　　　　　　1　2　3　4　5

43. 我感到心里烦躁。　　　　　　　　　　　　1　2　3　4　5

44. 我常常无精打采。　　　　　　　　　　　　1　2　3　4　5

45. 我的感情容易受到别人的伤害。　　　　　　1　2　3　4　5

46. 我觉得心里不塌实。　　　　　　　　　　　1　2　3　4　5

47. 我感觉别人对我的表现评价不恰当。　　　　　　1　2　3　4　5

48. 我明知担心没有用，但总害怕考不好。　　　　　1　2　3　4　5

49. 我总觉得别人在跟我作对。　　　　　　　　　　1　2　3　4　5

50. 我容易激动和烦恼。　　　　　　　　　　　　　1　2　3　4　5

51. 同异性在一起时，我感到害羞、不自在。　　　　1　2　3　4　5

52. 我有想伤害他人或打人的冲动。　　　　　　　　1　2　3　4　5

53. 我对父母时而亲热、时而冷淡。　　　　　　　　1　2　3　4　5

54. 我对比我强的同学并不服气。　　　　　　　　　1　2　3　4　5

55. 我讨厌考试。　　　　　　　　　　　　　　　　1　2　3　4　5

56. 我的心里总觉得有事。　　　　　　　　　　　　1　2　3　4　5

57. 我经常有自杀的念头。　　　　　　　　　　　　1　2　3　4　5

58. 我有想摔东西的冲动。　　　　　　　　　　　　1　2　3　4　5

59. 我要求别人十全十美。　　　　　　　　　　　　1　2　3　4　5

60. 我认为同学考试成绩比我高，但能力并不比我强。　1　2　3　4　5

（三）结果分析

中国中学生心理健康量表采用五级计分法，即无为1分，轻度为2分，中度为3分，偏重为4分，严重为5分。

由60个项目的得分加在一起除以60，得出受试者心理健康的总均分，表示心理健康总体状况。10个分量表分别由6个项目组成，将每个分量表的6项得分之和除以6，就是该量表的因子分。如果心理健康总均分或因子分低于2分，表示心理比较健康；超过2分（包括2分），表示存在一定程度的心理问题；总均分或因子分是5分，表示存在着严重的问题。

三、职业适应性心理测试

（一）测试题目

你有机会去朋友开的一家农场度假几天，农场里有很多可爱的小动物，你觉得你进入农场后，以下哪种动物你最愿意亲近？

A. 猫　B. 狗　C. 松鼠　D. 猴子

（二）结果分析

职业适应性心理测试题目结果分析

选A的人：选择猫的你，有像猫的特质，性格有些懒惰，在工作上不太上进，所以目前你的事业成就并不多。可是猫却不是完全不工作的动物，你像猫一样，晚上精神特别旺盛，你适合从事艺术、文艺、网络的工作。你有很好的创作才华，但是如果你甘愿当一只懒猫，那么你的事业前景就灰暗了。

选B的人：选择狗的你，性格比较踏实认真，平时的工作也很复杂，不过因为太过守规矩、太过收敛自己，总是迁就别人，容易被人踩着上位，力是自己出，功劳是别人的。不过你还是无怨无悔、尽忠职守。虽然目前你的事业很不起眼，可是你的实力会在你的行动中得到证明，你的团队是能看到的，事业成功在即。

选C的人：因为松鼠很少在城市生活，所以一般不太会主动亲近人。但松鼠其实是一种很爱亲近人的动物。就像选择松鼠的你，性格是一个温柔好相处的人，生活上很乐意帮助人。因为你也像松鼠一样，对自己的生活付出了努力，所以你的事业上回报很多，如果能再接再厉，事业会更加好。

选D的人：选择猴子的你，可以看出你自己平时也是很爱玩的人，心思都不在工作和学习上。你目前的工作情况马马虎虎，但毕竟你的脑子比较灵活，就是做事比较敷衍，如果你在工作上愿意多花一些时间，就会有不错的事业前景。

知识拓展

【案例故事】

周兵是维修电工专业的学生，在校期间考取了电工上岗证和维修电工中级证，专业技能方面较为突出。他在读三年级时来到某通信工程安装公司实习，这本来是很多同学羡慕不已的岗位。可没到一个月他就离职了，原因是工程安装每天都要跑工地，整天日晒雨淋的，他吃不了那份苦。之后，学校又将其推荐到某酒店实习，岗位是电工，不到半个月，他又辞职了，他说酒店的要求太苛刻，试用期先跟着师傅学习3个月，每个月500元，试用期长而且工资低；上班每天8个小时太久了，还要上夜班，没有自由，顶不住；师傅的要求太挑剔，他只要出现一点儿失误就会被责骂……没办法，学校只好同意其本人自己选择实习单位。他做过家电销售员、服务员，每份工作都不超过一个月……

读读想想： 哪些因素直接影响到周兵的实习态度和责任感，导致他经常离职？

拓展实践训练

运动不仅能够强身健体，还有缓解压力、释放心情的作用。运动心理学的研究表明，各项体育活动都需要运动者具有一定的自我控制能力，以及坚定的信心、勇敢、果断、坚韧等心理品质作为基础。在现实生活中，不少人或多或少地存在一些心理缺陷，因此有针对性地选择体育锻炼，是纠正个人心理缺陷、培养健全人格的有效的心理训练方法。以下针对一些心理问题提供一些运动处方供学生参考。

1. 紧张

此类人一遇重要场合就惊慌失措，严重时大脑一片空白，从而导致无法发挥正常水平。

运动处方：这些人要克服性格缺陷，应多参加竞争激烈的运动项目，特别是足球、篮球、排球等比赛活动。

理由：赛场上风云变幻、紧张而激烈，只有拥有沉着冷静的心态，才能从容应对，取得胜利。若能时常经受这种激烈对抗的考验，人在遇事时就不至于过分紧张，工作、学习都会更加从容。

2. 孤僻

此类人天生不大合群，不善于与人交往，容易被社会孤立起来，一不小心就会使工作和生活陷入"四面楚歌"的境地。

运动处方：建议少从事单人的运动项目，多选择足球、篮球、排球或接力跑、拔河等团队性体育项目。

理由：坚持参加这些集体项目的锻炼，能增强自身活力和与人合作精神，使运动者更加热爱集体，逐步适应与同伴、同事的交往，从而逐渐改变孤僻的性格。

3. 犹疑

此类人不论大事小情都时常犹豫不决，办事缺乏果断，瞻前顾后，顾虑重重，结果往往会错失良机，甚至做出错误抉择。

运动处方：建议选择乒乓球、网球、羽毛球、跳高、跳远、击剑、跨栏、角力等项目。

理由：以上项目要求运动者头脑冷静、思维敏捷、判断准确、当机立断，任何多疑、犹豫、动摇都可能导致失败。持久练习能帮助人培养果决的性格品质。

4. 急躁

此类人缺乏耐性、急于求成，却往往因一时冲动犯下错误。

运动处方：要克服急躁情绪，可选择下象棋、打太极拳、慢跑、长距离散步、游泳及骑自行车、射击等运动项目。

理由：以上项目的运动强度不高，强调持久性和耐力，坚持从事这样的活动，能帮助人调节神经系统的活动，增强自我控制能力，从而达到稳定情绪、克服焦躁的目的。

5. 自卑

此类人缺乏应有的自信心，习惯于未上战场就先打退堂鼓，经常担心自己完不成工作任务挨训。

运动处方：可以选择一些简单易做的体育项目，如跳绳、做俯卧撑、做广播操、跑步等。

理由：以上项目简单易行，有助于舒缓绷得过紧的"弦"，不断提醒自己"我还行"。坚持锻炼，自信心一定会逐步增强。

6. 自大

此类人喜欢逞强，过于高估自己，轻视别人，易引起同伴反感。

运动处方：有意选择一些难度较大、动作较为复杂的运动，如跳水、体操、艺术体操、马拉松等项目，或者找一些实力水平远超过自己的高手，进行象棋、乒乓球、羽毛球等项目的对垒。

理由：人外有人，天外有天，多体验运动的艰难，有助于克服自负、骄傲的毛病。

最后要说的是，体育锻炼要想达到心理转化的目的，必须有一定的强度、质量和时间要求，循序渐进。人各有异，选择何种项目应该视自身情况有的放矢。

四、自我测评与提升

1. 体验过程

以小组为单位，综合组员的身心能力，寻找机会参加一项活动或运动，建议选择在学校教室、实训室、集会场所、运动场、社会实践活动、校内志愿者服务接待活动、企业实习、竞聘、同学或长辈交流、家里等不同的场合。各组员既是参与者，又要扮演观察者，活动或运动结束后，观察你身边的人是否具有足够强大的身心素养，记录下表（见表2-2）。最后在小组里轮流发表体会感言。通过学习、实践、对比，你有进步了吗？

表2-2　身心素养体验活动（运动）记录表

内容过程	问题分析
在参加活动(运动)中，你观察的组员的情况反馈如何？请列举	
在参加活动(运动)中遇到的学习规律、自律习惯养成、情绪控制和目标制订，你是如何提升的？	
感言	

2. 克服障碍

如何使自己在学校学习期间提升身心素养，具有强健的身体、良好自信的心态和较强的社会适应能力是前提。针对你的不足，请制订一个克服困难的行动计划（见表2-3），在计划中要包括一种运动、技能或主题活动（至少是一项美育才艺或劳动技能，如唱歌、茶艺、礼仪训练、书法、绘画等），并且在实施过程中请融入职场礼仪细节，使自己每天迈开一小步。

表2-3 提升身心素养行动计划表

参加活动主题：_____

场所：_____

小组成员：_____

行动计划	
你目前需要 克服的困难	
行动目标	
行动方法	
行动安排	
行动保障	

微课3 有效提升
心理素质的9个方法

亲 和 力

君子和而不同，小人同而不和。——《论语·子路》

训练目标 通过亲和力测试、案例分析、亲和力训练，让学生提高与人面对面沟通的能力，改善人际关系，从而提升自身亲和力，塑造良好的职业形象。

情景导入

当我们入住酒店时，服务员亲切地向我们微笑问候；当我们去商场购物时，导购员热情主动地提供商品信息；当我们接到外卖餐品时，听到外卖员诚挚地说："祝您用餐愉快！"……同学们想一想，为什么这些服务人员会让我们感到温暖和愉悦？

因为他们很热情，很有礼貌。

因为他们都具备良好的服务亲和力，给我们留下了极佳的印象，所以让我们感到温暖和愉悦。

一、知识准备：亲和力的含义

亲和力（Affinity）的狭义含义是指一个人或一个组织在所在群体心目中的亲近感，其广义的含义则是指一个人或一个组织能够对所在群体施加的影响力。亲和力源于人对人的认同和尊重。很多时候，亲和力所表达的不是人与人之间的物理距离的远近，而是心灵上的通达与投合，是一种基于平等待人的相互利益转换的基础。亲和力是在社会交往中对别人的友好表示，是一种使人亲近、愿意接触的力量。

二、实践训练：自我测试

（一）亲和力测试题

即将进入职场的你是否具有亲和力？下面我们来测一测吧！

说明：请回答下列问题，对下列每题做"是"或"否"的选择。选择"是"记1分，选择"否"记0分，统计总分。

（1）在匆忙行走的路上，别人向你打招呼："你好啊！"你会停下脚步、同他聊聊吗？

（2）与朋友交谈时，你是否总是以自己为中心？

（3）聚会中不到人人疲倦，你不会告辞。

（4）不管别人有没有要求，你都会主动提出建议，告诉他应该怎么去做吗？

（5）你讲的故事或佚事是否总是又长又复杂，别人需要耐心地去听？

（6）当他人在融洽地交谈时，你是否会贸然地插话？

（7）你是否会经常津津有味地与朋友谈起他们不认识的人？

（8）当别人交谈时，你是否会打断他们的谈话内容？

（9）你是否觉得自己讲故事给别人听，比别人讲给你听有趣。

（10）你是否常提醒朋友要信守诺言，提醒他"你记得否？"或"你忘了吗？"

（11）你是否坚持要求朋友阅读你认为有趣的东西？

（12）你是否打电话时说个没完，让其他人在一旁等得着急？

（13）你是否经常发现朋友的短处，并要求他们去改进？

（14）当别人谈到你不喜欢的话题时，你是否就不说话了？

（15）对自己种种不如意的事情，你是否总是喜欢找人诉苦？

（二）结果分析

1. 总分10分以上：说明你的亲和力较差。在许多事情面前，你第一反应考虑到的是自己的利益，当你只在意自己的想法的时候，可能会导致你在面对别人的时候，忽视他人的看法。因此，大家是很难感受到你的亲和力的，反而认为你是一个十分不好相处的人。你要认识到，人生活在社会当中，需要和睦相处，互相帮助，互相关心，广交朋友。

2. 总分5—9分：说明你的亲和力一般。你的人际关系处理得不太好，你和朋友们的关系并不牢固，时好时坏。你想让别人喜欢你，想多交些朋友。尽管你自己做出了很大努力，但别人并不一定喜欢你，朋友们和你在一起时很可能不会感到轻松愉快。你需要认真检查自己的言行，真诚对待朋友，学会正确地待人接物，你的处境才会改观。

3. 总分5分以下：说明你具有较强的亲和力。你在任何的场合都是能够展现出自己近乎完美的一面，处理任何的人际关系也是十分的完美，能够使大家对于你很快的放下所有的戒备，并且能够对你十分的信任。

知识
拓展

【案例故事】

小柳与小沈同时进入某公司担任秘书，两个人同样有较强的工作能力，无论领导交给他俩任何任务，他俩都能非常圆满地完成。因此，两个人经常受到领导的表扬。但是，在同事之中，他们俩却有不同的地方。大家都喜欢小柳，有什么事总是找他帮忙。而小柳也的确为大家做了许多事，因为他既谦逊又有能力，与大家非常合得来；而小沈则不同，虽然他的能力也强，但大家都不太与他合得来，有事也不会找他帮忙，因为小沈的个性有些高傲。小沈也意识到了这种差别，但他并不想改变这种状况，他以为这样很好；无论同事怎么对待自己，领导总还是喜欢自己的，有领导撑腰，他不必总是顾虑再三；况且这样也不错，他可以按照自己的个性安排一切，不必因别人的看法而改变自己的生活。另外，从心底而论，小沈看不起小柳。小沈认为小柳那种谦让的态度十分虚伪，是一种做作的表现。就在小沈按照自己的个性工作的时候，领导说要在他们之中提拔一名宣传干事，而且这次领导有明确指示，一定要坚持群众选举，任何人不得从中作梗。面对这样一个好机会，小沈从心底认为自己应该能被提拔，因为他不但喜欢这份工作，而且坚信自己一定能干好，绝对不会辜负领导的厚望。但是，听说这次不是领导任命，而是由群众直接选举，他的心有些凉了。他明白凭自己的群众关系，自己绝不是小柳的对手，况且小柳在搞宣传的方法上也有其独到的能力。

结果正如他所预料的那样：小柳以全票得到了这个职位。其实小沈也能将工作做好。一个本来平等的机会，结果由于两者个性和人缘的不同而导致了巨大的偏差。

读读想想： 小柳和小沈同样优秀，为什么只有小柳全票通过并得到了宣传干事的职位？

———— **拓展实践训练** ————

心理学家研究发现，最被人欣赏的人是那些精明中带有缺点的人。一个人之所以表现出很强的亲和力，是因为他对自己、对别人具有很强的理解力。人们接受信息中的45%来自有声语言，55%来自无声语言。在后者中，又有70%来自表情。因此，训练好的表情，有助于提升我们的亲和力。

表情训练的规则为表现谦恭、表现友好、表现适时、表现真诚。面部表情的训练主要包括眼神训练和微笑训练。

（一）眼神训练

在人类的五种感觉器官眼、耳、鼻、舌、身中，眼睛最为敏感，它通常占有人类总体感觉的70%左右。人们在日常生活之中借助于眼神所传递出的信息最多，因此，泰戈尔便指出："一旦学会了眼睛的语言，表情的变化将是无穷无尽的。"

1. 眼神训练的要素

眼神训练的要素主要包括时间、角度、部位、方式和禁忌五个方面。

（1）注视时间

在人际交往中，尤其是与熟人相处时，注视对方时间的长短往往十分重要。在交谈中，听的一方通常应多注视说的一方。

①表示友好。若对对方表示友好，则注视对方的时间应占全部相处时间的约1/3。

②表示重视。若对对方表示关注，如听报告、请教问题时，则注视对方的时间应占全部相处时间的约2/3。

③表示轻视。若注视对方的时间不到相处全部时间的1/3，往往意味着对其瞧不起或没有兴趣。

④ 表示敌意。若注视对方的时间超过全部相处时间的2/3以上，往往表示可能对对方抱有敌意，或者为了寻衅滋事。

⑤ 表示兴趣。若注视对方的时间长于全部相处时间的2/3以上，还有另一种情况，即对对方产生了兴趣。

（2）注视角度

在人际交往中，既要方便沟通交流，又不至于引起对方的误解，就需要有正确的注视角度。

① 正视对方，即在注视他人的时候与之正面相向，同时还须将身体前部朝向对方。正视对方是交往中的一种基本礼貌，其含义表示重视对方。服务人员与顾客交流用正视的角度，如图3-1所示。

② 平视对方，即在注视他人的时候，目光与对方相比处于相似的高度。平视对方可以表现出双方地位平等和自己不卑不亢的精神面貌。

图3-1 正视对方示范样例

③ 仰视对方，即在注视他人的时候，自己所处的位置比对方低，就需要抬头向上仰望对方。在仰视对方的状况下，往往可以给对方留下信任、重视的感觉。

我们在与他人交往中，要用视线水平的方式与对方交流。面无表情的视线向下、向下、平视表现的意义不同，如图3-2所示。

视线向下表现权威感和优越感

视线向上表现服从与任人摆布

视线水平表现客观和理智

图3-2 视线向上、向下、水平示意图

（3）注视部位

在人际交往中，与他人交谈时，目光应该注视着对方。但应使目光局限于上至对方额头、下至对方衬衣的第二粒纽扣以上，左右以两肩为准的方框中。在这个方框中，一般有以下三种注视方式。

① 公务注视。公务注视一般被用于洽谈、磋商等场合，注视的位置在对方的双眼与额头之间的三角区域，如图3-3所示。

② 社交注视。社交注视一般在社交场合，如舞会、酒会上使用，位置在对方的双眼与嘴唇之间的三角区域，如图3-4所示。

③ 亲密注视。亲密注视一般在亲人、恋人、家庭成员等亲近人员之间使用，注视的位置在对方的双眼和胸部之间。

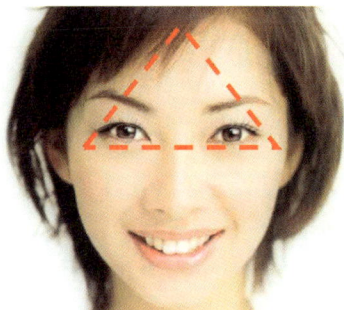

洽谈业务时，如果你看着对方的这个部位，会显得很严肃、认真，别人会感到你有诚意。

图3-3　公务活动注视位置

如果非亲密关系却凝视亲密注视区，对方会觉得受到了冒犯，甚至侮辱，是很不礼貌的行为。

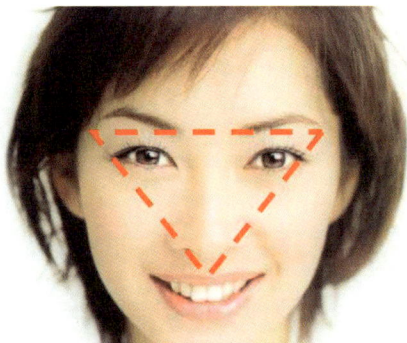

在社交活动中，当你看着对方这个部位时，会营造出一种社交气氛。这种凝视主要被用于茶话会、舞会及各种类型的友谊聚会。

图3-4　社交活动注视区域

（4）注视方式

注视他人在社交场合可以有多种方式的选择。其中，常见的有以下几种。

① 直视，即直接地注视交往对象，它表示认真、尊重，适用于各种情况。若直视他人双眼，即称为对视。对视表明自己大方、坦诚，或者关注对方。

② 凝视。它是直视的一种特殊情况，即全神贯注地进行注视。它多用以表示专注、恭敬。

③ 盯视，即目不转睛，长时间地凝视他人的某一部位。它表示出神或挑衅，不宜多用。

④ 虚视。它是相对于凝视而言的一种直视，其特点是目光不聚焦于某处、眼神不集

中。它多表示胆怯、疑虑、走神、疲乏，或者失意、无聊。

⑤扫视，即视线移来移去，注视时上下左右反复打量，表示好奇吃惊。它亦不可多用，对异性尤其应禁用。

⑥睨视，又称睥睨，即斜着眼睛注视。它多表示怀疑、轻视，一般应当忌用。与初识之人交往时，尤其应当忌用。

⑦眯视，即眯着眼睛注视。它表示惊奇或看不清楚，模样不大好看，故也不宜采用。

⑧环视，即有节奏地注视不同的人或事物。它表示认真、重视，适用于同时与多人打交道，表示自己一视同仁。

⑨他视，即与某人交往时不注视对方反而望着别处。它表示胆怯、害羞、心虚、反感、心不在焉，不宜采用。

⑩无视，又称闭视，即在人际交往中闭上双眼不看对方，表示疲惫、反感、生气、无聊或者没有兴趣，它给人的感觉往往是不大友好，甚至会被理解为厌烦、拒绝。

（5）注视禁忌

①注视时间过长，会令人感到不自在。

②在交谈过程中，除双方的关系十分亲近外，目光连续接触的时间一般为1秒左右。

③眨眼的次数一般是每分钟5～8次，不宜过快和过慢。

2. 眼神训练的方法

（1）眼神聚焦训练（每天5～10分钟）

我们要使眼睛有出色的聚焦能力，否则游离涣散的目光容易显得呆滞虚无。眼神聚焦训练方法如下。

①准备一张白纸，在白纸中间点上一个黑色的圆点，可大可小。

②将白纸贴在墙上，使白纸上的黑点与眼睛同高（站或坐都可以）。也可以找一个大的图钉钉在墙上。

③（站或坐）距离墙面1～2米，盯着圆点做聚焦练习，尽量不要眨眼，眼睛酸了也要克服，坚持5分钟（开始可以只盯20秒，以后逐渐增加时间）。

④练习完毕后搓热双手，用掌心捂在双眼上（闭目），3分钟后再缓缓睁开双眼。

（2）运目训练（每天1～3分钟）

眼神有焦点只是第一步，第二步是要学会让眼神有灵气。这种"灵"其实就是灵活的意思，是指眼珠能够根据情绪的变化自然地上下左右移动，而不是一直待在原位。运目训练方法如下，示意图如图3-5所示。

①多做运目练习，尝试让眼珠左右移动，从A点方向再到B点方向（注意每个点都要停留几秒）。

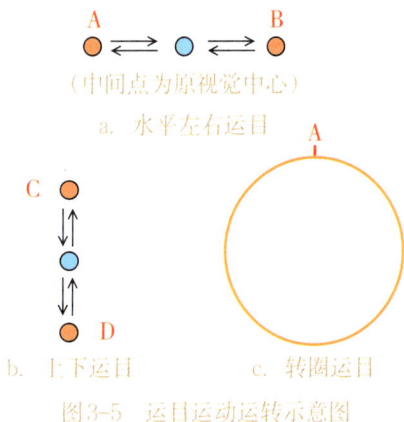

a. 水平左右运目
（中间点为原视觉中心）

b. 上下运目　　　c. 转圈运目

图3-5　运目运动运转示意图

② 左右练习结束后进行上下方向的锻炼，使眼睛努力看到上前方（C）和下前方（D）。

③ 提升眼珠灵活度的训练方法是让眼睛转圈，在头部不动的前提下，用目光沿顺时针或逆时针跟着圆圈旋转。

（3）笑眼训练（每天1~3分钟）

一双爱笑的眼睛传达出的不只是一种心情，更是一种亲和力。笑眼训练方法如下。

当一个人真笑的时候，眼轮匝肌会自然收缩，眼睛会呈闭合形态比正常状态看起来小，还会挤出鱼尾纹。如果假笑时眼睛这块是不动的。训练真诚的笑眼只有一个方法，即发自真情实感地去笑。如果情绪跟不上，可以用技巧弥补，在笑的时候有意识地牵动自己的眼轮匝肌，微微眯起眼睛即可。

（二）微笑训练

微笑在人类各种文化中的含义是基本相同的，是真正的"世界语"，能超越文化而传播。微笑是人类最富魅力、最有价值的体态语言，微笑既是一种人际交往的技巧，又是一种礼节，它表现着友好、愉快、欢喜等情感，几乎所有的商业服务都提供微笑服务，微笑成了评价服务质量的重要标志。

1. 微笑训练的具体要求

在工作中应表现出笑容可掬的神态：略带笑容，不显著、不出声，热情、亲切、和蔼，是内心喜悦的自然流露，而非傻笑、抿嘴笑、奸笑、大笑、狂笑等。

根据人际关系学家的观点，笑可以分为三种。第一种是哈哈大笑，哈哈大笑时，嘴巴张得较大，上牙齿和下牙齿均露出，并发出"哈哈"之声；第二种是轻笑，轻笑时嘴巴略微张开，一般下牙齿不露出，并发出轻微的声音；第三种是微笑，微笑时，嘴巴不张开，上牙齿和下牙齿均不露出，也不发出声音，是一种笑不露齿的笑，仅仅是脸部肌肉的运动，这也是微笑的具体要求。

2. "三度"微笑及其运用

（1）"一度"微笑。只牵动嘴角肌，适用于客人刚到时。

（2）"二度"微笑。嘴角肌、颧骨肌同时运动，适用于交谈进行中。

（3）"三度"微笑。嘴角肌、颧骨肌与其他笑肌同时运动，是一种会心的微笑，适用于生意成功或欢送客人时，一般以露出6~8颗牙为宜。

3. 微笑训练方法

（1）掌握微笑要领后，对着镜子进行自我训练，调整和纠正"三度"微笑。

（2）多想想微笑的好处，回忆美好的往事，发自内心地微笑。

（3）发"一""七""茄子""威士忌"等音，牵动咀嚼肌，使嘴角露出微笑。

（4）把手指放在嘴角并向脸的上方轻轻上提，使脸部充满笑意。

（5）同学之间通过打招呼、讲笑话来练习微笑，并相互纠正。

（6）情景熏陶法。通过美妙的音乐创造良好的环境氛围，引导自己会心地微笑。

三、自我测评与提升

1. 体验过程

实训：与同学模拟酒店服务情境，分别轮流扮演酒店服务员和客人，尤其注意双方眼神交流和微笑表情，其他同学注意观察酒店服务员和客人交谈时双方的眼神、微笑是否适宜，活动后，填写下表（表3-1）。

表3-1 酒店服务情境活动记录表

参加活动主题：_____

场所：_____

小组成员：_____

内容过程	问题分析
在模拟酒店服务中是否发现有面部表情(眼神、微笑)等不规范的行为？请列举	
在模拟实训中,你是如何控制自己面部表情(眼神、微笑)的?	
感 言	

2. 克服障碍

有亲和力的人，仅仅靠微笑和两句寒暄的话就能彻底吸引对方；有亲和力的人在工作中也会如鱼得水；有亲和力的人的笑容比较有感染力，听人讲话会很有礼貌，同时能明确表达自己的建议（即使这个建议不是很重要）。相信在职场上你会遇到不少这样的人，他们很容易得到领导的青睐，甚至我们会认为这是谄媚。其实我们错了，这个正是这类人的亲和力的表现。

亲和力是有效处理人际关系的"魔力钥匙"。如果没有锻炼好这项能力，会得到"冷漠的人""难以交往"的评价，这会是你在职场上的一大损失。针对你的不足或短板，请制订一个克服困难的行动计划（见表3-2），在计划中你需要参加一项社交活动或志愿服务活动，在实践中运用你的亲和力，尽量拉近与他人之间的距离，打造良好的氛围。

表3-2　亲和力提升训练行动计划表

行动计划	
你目前需要克服的困难	
行动目标	
行动方法	
行动安排	
行动保障	

微课4　如何让自己
成为有亲和力的人

职场表现力

沉默不一定是"金"。——李开复

训练目标 通过自我行为检测、案例分析、常规求职训练，强化学生的书面表达、口才与演讲能力，培养多种兴趣爱好，使学生拥有一技之长，从而勇于表现自己、敢于表现自己的闪光点。学生能在众多求职者中脱颖而出，成功拿下企业offer。

情景导入

近年来，受疫情、经济下行压力加大等多重因素的影响，就业形势严峻、复杂。每个毕业生都渴望拿下心仪的offer，你知道如何在激烈的竞争招聘中脱颖而出吗？

那些成功拿下企业offer的人，大多专业知识稳固扎实、阳光乐观、充满自信、积极主动，懂得充分表现自己，思维清晰，表达流畅，并且多才多艺，从而给面试官留下深刻印象。

一、知识准备：表现力的含义

职场表现力是指如何在职场中表现自己最优秀的一面，并呈现真实的、最好的自己。职场表现力有助于使自己快速地融入新的团体，并在未来的商业沟通上拥有更强的优势，有利于自己的职场发展。

职场上的成功者都有一个共同点，即他们都善于表现自己，也许所用的方式不一样，但他们都属于勇于且积极表现自己的人。

二、实践训练：自我测试

（一）测试题目

初入职场的你会遇到哪些问题呢？

1. 周末，有一个出差培训的机会，你的想法是什么？（ ）

    A. 机会难得，主动报名，积极锻炼

    B. 有名额就去

    C. 不会考虑，觉得浪费时间

微课5 表现力小技巧

2. 上完培训课，老师提出问题，请大家回答，你的想法是什么？（　　）

    A. 认真思考，主动回答

    B. 沉默是金，等老师点名了再回答

    C. 这么多人，此事与我无关

3. 在接到客户的投诉电话时，你会怎么做？（　　）

    A. 真诚地道歉　　　　　　　B. 支支吾吾难以回答　　　　C. 不说话

4. 每周例会上都需要公开发言，你的真实感受是什么？（　　）

    A. 听众人数越多，就越兴奋

    B. 没太大感受，按流程走完成任务

    C. 略显尴尬

5. 业余时间，你会怎么打发时间？（　　）

    A. 发展自己的兴趣爱好（打球、书法、跳操、弹琴等）

    B. 约朋友逛街聊天

    C. 睡觉和追剧

6. 你喜欢怎样的工作？（　　）

    A. 和人交流多的工作　　　　B. 和计算机打交道多的工作

    C. 和机械打交道多的工作

7. 公司业务规模扩大，需要派人开拓新市场，你会怎么做？（　　）

    A. 积极挑战

    B. 喜欢目前按部就班的工作

    C. 不考虑，不喜欢冒险

8. 在团体聚会中，你比较倾向于什么？（　　）

    A. 参加感兴趣的项目　　　　B. 看他人参加项目　　　　C. 独自休息

9. 如果有机会，我想认识谁？（　　）

    A. 马云　　　　　　　　　　B. 莫言　　　　　　　　　　C. 爱迪生

10. 在商店工作，你更喜欢做什么？（　　）

    A. 当收银员　　　　　　　　B. 布置商店　　　　　　　　C. 当统计员

11. 你对哪个职业更感兴趣？（　　）

    A. 销售人员　　　　　　　　B. 服务员　　　　　　　　　C. 程序员

12. 你更倾向于使用什么方式表达思想？（　　）

    A. 语言　　　　　　　　　　B. 文字　　　　　　　　　　C. 动作

13. 在叙述一次经历或者描述一种事物时，你会如何表达？（　　）

    A. 我能够准确、清晰地表达

    B. 偶尔中断　　　　　　　　C. 废话较多

14. 在汇报工作前，你会怎么做？（　　）

    A. 做好归纳总结，注重语言的逻辑性　　　　　　B. 大概浏览一遍内容

    C. 无须准备，临场发挥

15. 你比较倾向于怎么解决问题？（　　　）

    A. 当面交流　　　　　　　B. 打电话交流　　　　　　　C. 发信息交流

（二）结果分析

选 A 得 3 分；选 B 得 2 分；选 C 得 1 分

积分 15-25 分，表现力较弱——你的表现力比较弱，如果你想获得成功，可能需要付出更大的努力。

积分 26-35 分，表现力普通——你有一定的表现力，却少了几分热情，只要积极调整心态，就能更上一层楼。

积分 36-45 分，表现力较强——你的表现力很强，只要不忘初心、一如既往地努力，定能达到理想的彼岸。

机遇总是青睐有准备的人。平日里，我们要努力训练自己的表达能力，在公众场合亦能镇定自若、流畅表达，从而给人留下深刻印象。才艺展示无疑是一项加分项，在关键时刻可以为你增加获胜的筹码。

天上不会掉馅饼，机会也不会自己主动送上门。我们只有努力抓住每个让自己发光发亮的机会，积极主动地表现自己的才能才干，才能在人才济济的社会里占据一席之地。

知识拓展

【案例故事】

公元前 257 年，秦军围困赵国的都城邯郸。赵国的平原君赵胜打算在门下食客中选取二十名文武兼备的人，一起去楚国求助。可是选来选去，却仅仅凑够了十九个人。

这时候，平原君门下有一位叫毛遂的人自告奋勇地说："我愿意跟随公子走一趟！"平原君问道："先生在我赵胜门下几年啦？"毛遂说："三年了。"平原君说："有能力的人处在世上，就好像锥子装在口袋中一样，他的锋芒立刻就会显露出来。现在先生在我这里已经三年了，我没听见身边的人有谁称道过您，您还是留下来吧！"毛遂说："如果您能够早一天把我放在口袋里，整个锥子早就扎出来了，岂止是露出一点儿锋芒呢？"平原君听毛遂出语不凡，就同意带他去了。那十九个人笑着窃窃私语，但也不好说什么。

毛遂到了楚国，跟那十九个人一交谈，那十九个人全都对毛遂的口才和见识惊叹不已。这一天，平原君与楚王开始会谈，从太阳出山开始，一直谈到日上中天，也没有谈出结果。十九个人异口同声地对毛遂说："先生上！"于是，毛遂手按宝剑登阶而上，对平原君说："合纵的利害，两句话就可以说得明明白白。这么长时间了，怎么什么也定不下来？"楚王问平原君："这个人是谁呀？"平原君说："他是我的一个随从。"楚王叱责道："为什么还不下去！我现在跟你主人谈话，你来干什么？"毛遂按剑向前，厉声指责楚王："您好凶啊！您这样申斥我，不就是因为您楚国人多吗？现在十步之内，大王之命就悬在我的手里，人再多也没用！有我的平原君在前，您为什么叱责我？再说，楚国土地方圆五千里，雄兵百万，这样强大的国家，天下谁能抵挡？白起那个平庸小辈，率领几万秦兵，一战攻下鄢、郢，再战火烧夷陵，三战凌辱了大王的先人。您的威风和脾气哪儿去了？这样的奇耻大辱，我们赵国都替您害羞！您以为，合纵只为了赵国吗？"楚王说："好，好，马上签约！马上签约！"

后来楚王很快派兵，联合魏国，解了邯郸之围。

读读想想：毛遂在平原君门下一直默默无闻，是什么使他有机会出使楚国，并凭借其超于他人的聪明才智，迫使楚王出兵救援赵国？

—————— **拓展实践训练** ——————

1. 提高口才与演讲能力

同学们，你喜欢在公开场合发言吗？在工作和生活中，我们都需要与人打交道。有些人的思维清晰、表达流畅，一开口便令人印象深刻。我们如何才能达到这样的水平呢？毋庸置疑，模仿是成功最好的捷径。一开始我们可以通过模仿一些优秀的演讲家，从中逐渐找到适合自己的风格，不断加以练习琢磨，最终我们定会提高自己的口才与演讲能力。

2. 培养一技之长

世界因丰富多样而精彩，个人因多才多艺而丰盈。同学们，你有没有自己的一技之长呢？培养广泛的兴趣爱好，不仅可以陶冶情操，为求职招聘加分，还可以在面对困境时给予我们力量，激励我们奋发进取、向上向善。从现在开始，充分利用课余时间，发展自己的兴趣爱好吧，你可以选择球类、音乐、书法、画画、舞蹈、围棋……

三、自我测评与提升 ——————————————————

1. 体验过程

所有优秀的背后都离不开努力与付出，所有为之向往的生活都需要实力与之匹配。为了将来梦想中的工作和生活，现在赶紧锻炼实践吧。你可以通过观看优秀演说家的演讲视频，勤奋练习，刻苦钻研，从而提高自己的表达能力；你还可以通过参加学校组织的演讲比赛，在体验和参与中参透语言表达的魅力。台上一分钟，台下十年功。只有不断地练习，才能在不同场合流畅地表达自己的想法。请你根据观看演说家的演讲视频、自己参与活动的情况填写下表（表4-1）。

表4-1　表现力提升活动记录表

内容过程	问题分析
优秀的演说家都有哪些特征？ 请列举	

（续表）

内容过程	问题分析
你制定了哪些目标来 提高自己的口语表达能力？	
你参加了哪些演讲比赛？ 请写出你演讲后的感言	

2. 克服障碍

"千里马常有，而伯乐不常有。"职场上，有才能还需要有机会施展，一味地犹豫不决、畏缩不前，只会在碌碌无为中泯灭自己的才华和本领。即使别人不提供机会，你也要主动出击，创造机会，将自己最优秀、最吸引人的一面展示出来。然而，当机会来临时，你是否能够牢牢地抓住呢？幸运女神总是青睐于那些有准备之人，因此，同学们，或许你现在的表达能力还不是太理想，你还不敢在公众场合公开发言，与人交谈时会紧张、逻辑不清、语序不连贯、没有感染力……但这些困难都是可以克服的，只要你相信自己，并努力实践锻炼。请你制定一个行动计划，把计划内容填入表（表4-2）。

表4-2 表现力提升行动计划表

行动计划	
你目前需要 克服的困难	
行动目标	
行动方法	
行动安排	
行动保障	

应 变 力

审时度势，切中事理。——明·沈德符《万历野获编·乡试遇水火灾》

训练目标 通过打破思维定式，改变环境、条件、对象等，让学生在不断的发散和聚类思维转换中获得举一反三和触类旁通的应变能力，助力面试顺利过关。

情景导入

我们生活在一个变幻万千、日新月异的时代，每天都有可能面临诸多变化。例如，作为一名职场新人，我们要面对来自上级的压力、客户的投诉、同事的不理解等难题。然而，为什么有些人能够镇定自若、从容应对，而有些人对此却是终日愁眉苦脸、自怨自艾？

世上唯一不变的就是变化，在发生变化时，他们能够沉着冷静、积极应对、转化思维，从而顺利解决问题。

一、知识准备：应变力的含义 ———————————

应变能力是指面对意外事件等压力，能迅速地做出反应，并寻求合适的方法，使事件得以妥善解决的能力，通俗地说就是应对变化的能力。

二、实践训练：自我测试 ———————————

（一）测试题目

微课6 应变力

初入职场的你会遇到哪些问题呢？

1. 在工作中遇到难题，你倾向于怎么解决？（　　）

　　A. 尝试用新方法解决　　　　　　B. 按原方法解决

　　C. 逃避问题

2. 你的亲戚或朋友在一次意外事故中受到重伤，当你接到电话时，你会怎么做？（　　）

　　A. 努力克制自己的情感，因为需要通知其他人

　　B. 挂断电话，痛哭流泪

　　C. 向医生要来一些镇静剂，以度过艰难时光

3. 假如你是一名列车员，一名旅客在高铁上突然晕倒，你会怎么办？（多选）（　　）

　　A. 及时与列车长联系，如果病情危重，列车长会请求前方车站协助联系医院，并安排救护车进站抢救。

　　B. 通过广播在列车上寻找专业的医护人员

　　C. 找到紧急救护箱，拿出应急药品及应急救护工具

4. 你比较喜欢哪种兴趣爱好？（　　）

　　A. 打乒乓球　　　　　　　　B. 朗诵　　　　　　　　　C. 书法

5. 在小组争论中，如果对方提出了有说服力的观点，你会怎么做？（　　）

　　A. 及时转变自己的立场　　B. 坚持自己的立场　　　　C. 中立

6. 看到飞机事故新闻，你会怎么做？（　　）

　　A. 生活还要继续，克制悲伤，转移注意力

　　B. 痛哭落泪　　　　　C. 陷入悲伤情绪，难以自拔

7. 旅客列车空调失效时，列车员要怎么做？（多选）（　　）

　　A. 做好秩序维护　　　　　B. 做好宣传解释，安抚旅客

　　C. 车厢巡视

8. 列车上发生打架斗殴时，列车员要怎么做？（　　）

　　A. 立即报告列车长及乘警并做好制止、调解工作

　　B. 在旁边围观　　　　　C. 不管不问，任其发展

9. 客车在运行中出现电气装置打火、冒烟时，列车员首先应采取的措施是什么？（　　）

　　A. 立即切断电源　　　　B. 立即报告列车长　　　　　C. 不理会

10. 你更喜欢怎样的工作任务？（　　）

　　A. 形式多样、节奏较快　　B. 目标明确、按部就班

　　C. 形式单调、进度缓慢

11. 你更喜欢怎样的生活方式？（　　）

　　A. 热热闹闹、富于变化　　B. 安安稳稳、按部就班

　　C. 生活单调，没有意外发生

12. 你更喜欢高铁列车上的哪个岗位？（　　）

　　A. 列车长　　　　　　　　B. 乘务员　　　　　　　　C. 保洁

13. 列车上发生3人以上食物中毒的情况时，列车员要怎么处理？（多选）（　　）

　　A. 停止销售该食品　　　　B. 向列车主管人员汇报

　　C. 如果情况严重，可采取临时停车措施，将其送往医院救治

14. 在巡视过程中发现动车的车门未锁闭或封锁状态不良时，列车员要怎么做？（多选）（　　）

　　A. 指派专员看守　　　　B. 及时通知随车机械师处理　　C. 不理会

15. 遇到突如其来、预料之外的问题时，你是怎么处理的？（　　）

　　A. 心平气和地迅速加以解决

　　B. 气急懊恼地怨天尤人　　C. 逃避问题

（二）结果分析

选A得3分；选B得2分；选C得1分

积分15~25分，应变力较弱——你的应变力比较弱，如果你想获得成功，可能需要付出更大的努力。

积分26~35分，应变力普通——你有一定的应变力，却少了几分热情，只要积极调整心态，就能更好地解决问题。

积分36~45分（以上），应变力较强——你的应变力很强，只要保持沉着冷静、临危不乱，定能兵来将挡水来土掩。

以上自我测试中有一些是列车乘务员在工作中遇到的诸多突发事件，需要我们沉着应对、果断处理、灵活解决。同学们，你们掌握了吗？应变能力不是朝夕可以练就的，需要长期的积累和锻炼。

知识拓展

【案例故事】

有一天，科学家爱因斯坦被邀请作为演讲嘉宾。他的司机对他开玩笑说："我经常听到您在车中预备演讲，听得多了，我也可以一字不漏地念出来。"爱因斯坦听罢就说："那就好极了，我昨日整天都在做研究工作，疲倦得很，况且邀请我演讲的机构与我素未谋面，你大可替我演讲，我做你的司机好了。"演讲当晚，司机果然一字不漏地念出爱因斯坦惯说的演讲内容，令在场的人佩服不已，连坐在观众席最后排的爱因斯坦也频频点头称是。

可是，演讲完后，突然有一位年轻科学家追问了一个颇为深入的问题，那当然是司机的演讲以外的内容，全场都等待着这位冒牌科学家的答复。出乎意料，他竟然气定神闲地回答："年轻人，请恕我直言，你刚才提的问题实在太简单，甚至可以说是一个蠢问题，假如你不信的话，我可以证明给你看。这问题简单得连我的司机也懂得如何回答。"接着，司机便邀请爱因斯坦上台作答，并且在掌声中离开会场。

读读想想：在生活和工作中，我们总会遇到很多突如其来的变动，怎样才能从容应对、顺利迅速地解决问题呢？

—— **拓展实践训练** ——

1. 培养过硬的心理素质

"兵在夜而不惊，将闻变而不乱。"良好的心理素质对个人的职场发展至关重要。平日里，我们可以从一点一滴的小事做起，遇到突发事件时，时刻提醒自己，深呼吸，稳定情绪，以积极的心理暗示自己，鼓励自己"我可以的！""我是最棒的！"

2. 参加富有挑战性的活动

"纸上得来终觉浅，绝知此事要躬行。"应变力的习得离不开实践锻炼，在校期间，我们应该积极参加自己感兴趣的比赛、活动（如校运动会、技能大赛、演讲比赛等），不断地挑战自我、超越自我。

3. 结交益友，开阔视野

在校期间，我们要积极参加多样的社团活动（如滑冰、朗诵、合唱、书法等），结交益友，分享经验，集思广益，从而见多识广、开阔视野，不断提升应变能力。

4. 注意改变不良习惯

凡事拖拖拉拉、犹豫寡断，就会错失很多机会，与成功失之交臂。青年时期，我们应该从小事做起，培养自己良好的行为习惯，如早睡早起、今日事今日毕、不迟到不拖延等，从而锻炼自己迅速做出决策的能力，提高自己的应变能力。

三、自我测评与提升

1. 体验过程

好习惯成就好人生。美国心理学家威廉·詹姆斯曾说过："播下一个行动，收获一种习惯；播下一种习惯，收获一种性格；播下一种性格，收获一种命运。"我们可以制作一个活动纪实表，记录自己每天的学习和生活，如果成功完成任务就奖励自己。"千里之行始于足下"，我们可以从每天按时睡觉、起床做起，一点一滴地培养自己的习惯。针对应变能力，你有哪些良好的行为习惯，为了养成这些良好的行为习惯，你做了什么？请根据自己的情况填写下表（表5-1）。

表5-1 良好行为习惯调查表

内容过程	问题分析
良好的行为习惯有哪些？请列举	
为了养成良好的行为习惯，你制定了哪些活动？	
感言	

2. 克服障碍

好习惯的养成重在坚持。万事开头难，一开始我们可能会因为惰性、拖延症、注意力不集中等不良习惯而难以坚持。在最初的阶段，我们可以邀请家长进行监督与陪伴。久而久之，只要坚持下来，习惯就会成为自然。请针对拖延症制订一个行动计划表，把相关内容填入下表（表5-2）。

表5-2　克服拖延症行动表

行动计划	
你目前需要克服的困难	
行动目标	
行动方法	
行动安排	
行动保障	

奉献意识

捧着一颗心来，不带半根草去。——陶行知

训练目标 通过自我行为检测、案例分析等方式，懂得作为企业主体的员工的整体奉献意识的强弱是决定一个行业或企业成败兴衰的关键因素。通过学习、训练、培养，来提高自己的无私奉献意识，为让自己成为优秀员工奠定基础。

情景导入

> 如果我成为公司的新员工，我要每天完成公司交给我的工作和任务。

> 优秀的员工不仅会做好自己的本职工作，还会做一些力所能及的事情，这就是我们说的奉献。

一、知识准备：奉献意识的含义

什么是奉献？奉，即捧，意思是给、献给；献，原意为献祭，是指把实物或意见等恭敬庄严地送给集体或尊敬的人。奉献是指恭敬地交付，呈献，如图6-1所示。

中职生的奉献意识应该是"尽己之力、助人自助、无私奉献、不求回报"，即凭借自己的双手、头脑、知识、爱心开展各种不求回报的服务，无偿帮助那些需要帮助的人们。

图6-1 奉献字意图示

二、实践训练：自我测试

（一）测试题目

刚刚进入职场的你是否具备奉献意识呢？自己的奉献意识是强还是弱呢？赶快来做下面的单项选择题，测试一下吧。

1. 当你的好朋友不会做作业，要求你"奉献"作业给他抄时，你应该（　　）。

　　A. 不给他抄，不再同他做朋友

　　B. 帮助他解决作业中遇到的难题

　　C. 给他抄，因为我们是好朋友

D. 欺骗他，说自己也不会做

2. 一位出租车司机送乘客回家时，乘客突然说自己很不舒服，司机立即把这位乘客送到医院，并为客人办理挂号、住院手续，以至于医生把他当成这位乘客的家属。这说明（　　）。

① 这位司机是一位助人为乐的好心人

② 这位司机具有强烈的社会责任感和无私奉献精神

③ 这位司机是为了谋取乘客家人的财物回报

④ 这位司机想让自己出名，有着不可告人的目的

A. ①②③　　　　　B. ②③④　　　　　C. ①②　　　　　D. ③④

3. 某市多名红十字志愿者利用周末时间向大众展示，并传授了心肺复苏急救技能，志愿者的行动体现了（　　）。

A. 关爱他人，服务社会

B. 奉献自我，遵守规则

C. 尊重他人，维护秩序

D. 热爱劳动，爱岗敬业

4. 你帮助一个同学辅导功课，扶一个盲人过马路，陪一位孤寡老人谈心……这都是你关爱他人的表现，你给予了别人关爱，你自己心里都是美滋滋的。这说明（　　）。

A. 关爱使人们互谅互让、互相尊敬

B. 只有在他人的呵护下我们才能健康成长

C. 关爱他人，收获幸福

D. 关爱他人，能获得更多的发展机会

5. 帮助别人是快乐的，是有价值的，因为（　　）。

A. 帮助别人总能得到别人的回报

B. 帮助别人可以使自己出名

C. 自己可以随时要求别人提供帮助

D. 能得到精神上的满足，促进社会和谐

6. 关爱他人要（　　）。

① 心怀善意　② 尽己所能　③ 讲究策略　④ 尊重他人

A. ①②③　　　　　B. ②③④　　　　　C. ①③④　　　　　D. ①②③④

7. 关爱他人的时候，我们要注意方式方法，要尊重他人，只有这样，才能（　　）。

① 获得他人的友谊和信任

② 使自己得到充分肯定

③ 真正给予他人心灵的温暖和慰藉

④ 得到他人的赞扬

A. ①②　　　　　B. ③④　　　　　C. ①③　　　　　D. ②③

8. 对于中职生参与社会实践活动，同学可能有不同的看法。下面同学看法正确的有（　　）。

① 中职生学习任务紧张，参与社会实践活动只会影响学习

②中职生的年龄还小，社会经验不足，不应该参与社会实践活动

③中职生参与社会实践活动有益于个人全面发展，也是关爱社会的表现

④中职生参与社会实践活动应该结合自己的年龄特点和学习生活实际，选择合适的活动形式

A. ①③④　　　　B. ①②③　　　　C. ②④　　　　D. ③④

9. 下列关于参加公益活动的观点不正确的是（　　）。

A. 可以承担我们应尽的责任

B. 可以帮助他人

C. 使自身的价值在奉献中得以提升

D. 可以获得一些殊荣

10. 中国梦是每个中国人的梦想，也是各个民族成员的梦想。只有每个中国人的个人梦想实现了，每个民族的梦想实现了，才能汇聚成伟大的中国梦。这要求当代中国人（　　）。

①自觉履行宪法规定的维护国家安全、荣誉和利益的义务

②积极承担社会责任，热心公益，服务社会

③发扬艰苦奋斗精神，爱岗敬业，无私奉献

④着眼中国梦，放弃个人梦想

A. ①②③　　　　B. ②③④　　　　C. ①③④　　　　D. ①②④

11. 下列言行中属于积极奉献社会的是（　　）。

A. 两耳不闻窗外事，一心只读圣贤书

B. 参加环保知识的宣传活动

C. 看好自己的门，管好自己的事，不在乎他人怎样

D. 人心隔肚皮，重要的信息、机会不应该与他人分享

12. 河北沧州86岁的回振铎20年来平均每天的花销最多不会超过20元，却把积攒了多年的6万元退休金全部捐了出来，资助21位贫困大学生。老人的做法体现了（　　）。

①人生的意义不在于索取而在于奉献

②要以实际行动服务社会，践行社会主义核心价值观

③为社会做贡献，实现人生价值

④要有高度的社会责任感，服务社会，奉献社会

A. ①②③　　　　B. ①③④　　　　C. ①②④　　　　D. ①②③④

13. 积极参加社会公益活动是青少年为社会做贡献的一条切实可行的途径。下列适合中职生参加的公益活动有（　　）。

①利用节假日去社区打扫卫生

②为贫困失学儿童献上一片爱心

③报名去支援西部大开发

④关注社会弱势群体，积极扶助老弱病残

A. ①②④　　　　B. ①③④　　　　C. ①②③④　　　　D. ②③④

14. 下列关爱他人的方法正确的是（　　）。

A. 小强发现有人落水，不顾自己不会游泳，跳入水中抢救落水者

B. 考试时，邻桌的同学请求"帮助"，小娟便将自己的答案偷偷传给他看

C. 得知小玲家庭困难，班长不经她本人同意，就发动全班同学为她捐款

D. 每逢星期天，小芳总是去看望孤寡老人王大娘

15. 青年志愿者活动是我国青少年关心社会、服务社会的社会公益活动。下面是青年志愿者誓词："我愿意成为一名光荣的志愿者。我承诺尽己所能，不计报酬，帮助他人，服务社会。践行志愿精神，传播先进文化，为建设团结互助平等友爱、共同前进的美好社会贡献力量！"这给我们的启示是（　　）。

① 建设美好社会需要奉献精神

② 讲奉献就不能有个人利益

③ 现在社会人人都要讲实惠，有奉献精神的人太少了

④ 人的价值在于奉献，奉献是快乐的

A. ①②　　　　　B. ③④　　　　　C. ①③　　　　　D. ①④

16. 人生的价值主要体现在（　　）。

A. 对他人、对社会的奉献之中

B. 社会和他人对自己的尊重和满足之中

C. 自己的快乐和幸福之中

D. 党和人民对自己的评价之中

17. 你对"伸出你的手，奉献爱心"这句话的正确理解是（　　）。

① 传递爱心，播种快乐，关心别人，幸福自己

② 关爱他人是人类文明的标志，是做人的基本道德

③ 关爱他人要从日常生活的小事做起，从关爱老人和孩子开始

④ 真诚的关爱比金子还要宝贵

A. ①②③　　　　B. ②③④　　　　C. ①②④　　　　D. ①②③④

18. 服务社会能够促进我们全面发展，体现在（　　）。

① 开阔视野　②丰富知识　③提高观察、分析、解决问题的能力

④ 提升人际交往能力　⑤提高道德境界

A. ①②③④　　　B. ①②③⑤　　　C. ①②④⑤　　　D. ①②③④⑤

19. 服务和奉献社会需要我们（　　）。

① 积极参与社会公益活动　②只参加学校组织的社会实践活动

③ 热爱劳动，爱岗敬业　④辍学打工，提高谋生能力

A. ①②　　　　　B. ①③　　　　　C. ②③　　　　　D. ①④

20. 近年来，"感动中国"人物已成为人们广泛学习的楷模，为了更好地传递这些人物身上的正能量，我们必须（　　）。

① 热心公益、服务社会　②积极承担责任，不计较回报

③ 培养高度的社会责任感　④从身边小事做起，只对自己负责

A. ①②③　　　　B. ①③④　　　　C. ①②④　　　　D. ①②③④

结果分析

参考答案：

1～5　BCACD　6～10　DCDDA　11～15　BDADD　16～20　ACDBA

以上自我测试从个人、社会、国家三个层面，用实例说明了每位公民都应该树立奉献意识、强化奉献意识。每题5分，共100分。得分80分～100分，说明奉献意识强，继续坚持，争取表现更加优秀；60～70分，说明奉献意识较强，还需进一步培植奉献意识；60分以下，说明奉献意识不强，需要加强学习、对照检查存在的问题，进行改正、提升。奉献意识不是瞬间形成的，而是需要长时间的精心培养、强化训练。

知识拓展

【案例故事】

2021年3月7日，"北京社会公益行"活动启动仪式在首都博物馆举行。目前，北京有3000多个社区、3万多家各级各类社会组织、356家民办社工服务机构、6.15万名社会工作专业人才、370余万实名注册志愿者，他们来自社会、服务社会，已成为重要的公益力量，在参与社会公益服务方面发挥着越来越重要的作用。

在疫情防控工作中，广大志愿者牺牲自己的休息时间，放弃与家人相聚的美好时光，无私地、默默地为社会奉献着。他们进村入巷，利用小喇叭、张贴告市民书等方式宣传疫情防控信息、入村入户发放防控知识资料、测量体温、进行消毒、咨询引导、帮助购买生活用品，助力抗击疫情。

读读想想：

(1) 中国青年志愿者服务弘扬的志愿精神是什么？

(2) 我们服务社会有什么意义？

(3) 我们应怎样服务和奉献社会？

微课7　平凡因奉献而伟大

参考答案：

(1) 中国青年志愿者服务弘扬的志愿精神是奉献、友爱、互助、进步。

(2) ① 服务社会能够体现我们的人生价值。一个人的价值应该看他贡献什么，而不应当看他得到什么。在现实生活中，我们每个人无一例外地都享用着社会所提供的生活和学习条件，人人都有责任回报社会，为他人和社会提供服务。只有积极为社会做贡献，才能得到人们的尊重和认可，实现我们自身的价值。

② 服务社会能够促进我们全面发展。在服务社会的过程中，我们的视野不断拓宽，知识不断丰富，观察、分析、解决问题的能力和人际交往能力不断提升，道德境界不断提高。

（3）① 服务和奉献社会，需要我们积极参与社会公益活动。

② 服务和奉献社会，需要我们热爱劳动、爱岗敬业。

拓展实践训练

在职场中，我们需要有奉献精神，有奉献精神的人永远值得尊敬。奉献无所不在、无时不有。每个人不论职位高低，不论在什么岗位上，都能够尽自己的所能做出奉献。如果能够将奉献变成一种习惯，那么我们将会汇集十分强大的力量，它辐射的范围相当广泛。集体讨论问题，想表达出自己解决问题的意见与方法，也是奉献，如图6-2所示。

1. 从每个细节开始，从身边做起

一名优秀的员工在做好自己本职工作的基础上，仍然会做一些力所能及的事情。不会因为是别人的工作而袖手旁观，不去计较个人利益得失。例如，当公司业务繁忙的时候，尤其是年底公司赶进度的时候，员工主动放弃休息的时间，为公司尽一份微薄之力。当个人荣辱和企业荣誉发生冲突的时候，暂时放下个人的得失，能

图6-2　集体讨论，奉献智慧

先为企业考虑。又如，下雨了，把外面的拖把拿进来，这不一定要具体分工，不一定是谁的职责，员工抱有对公司事务人人有责的心态，这就是奉献精神。

2. 正确理解奉献精神与本职工作的关系

我们认为本职工作是基础、是后盾、是奉献精神的一切力量的源泉。如果一个人连本职工作都做不好，何来奉献精神？又何从谈起奉献精神？应该说敬业是奉献的基础，乐业是奉献的前提，勤业是奉献的根本。在奉献前必须做好本职工作，把本职工作做完善，而不是敷衍了事、得过且过、做一天和尚撞一天钟地混日子。

3. 转变工作观念

站在公司发展的立场，经常问自己：我能为企业做点什么？这样我们就会自发地去学习、去工作、去奉献，从而为自己带来更高的工作效率和更愉快的工作环境。当我们真正成为一个快乐的"奉献者"后，我们会发现，给予他人的越多，给予单位的越多，我们获得的也就越多。

4. 正确理解奉献精神与个人利益的关系

大力倡导奉献精神，讲求无私奉献，并不是否定和漠视个人利益。我们不能一说奉献就不要个人利益，一提个人利益就不讲奉献。提倡奉献精神，并不是无视员工的个人利益，不尊重个人合法权益，也不是要求大家完全放弃和牺牲个人利益，而是强调个人利益服从公司整体利益，要求员工自觉地把集体利益放在首位，把个人利益融

于集体利益之中，努力为集体利益多做奉献。在我们保障集体利益的同时也创造了个人利益。

三、自我测评与提升

1. 体验过程

以小组为单位，组员可自由从"分享者"或者"聆听者"两个角色中任意选择一个角色，"分享者"的任务是分享近期身边人物，如劳动模范、能工巧匠、先进个人的奉献精神及具体事迹；"聆听者"的任务是发表对此种奉献精神的感悟和学习哪些品质才能起到自我奉献意识提升的效果。记录下来，并填入下表（表6-1）。运用所学，让奉献意识成为习惯，最后发表体会感言。通过发表感悟，你有进步了吗？

表6-1　先进人物事迹讲解活动记录表

参加活动主题：＿＿＿＿＿＿＿＿＿＿＿＿＿＿＿＿＿＿＿＿＿＿＿＿＿＿＿＿＿＿＿＿＿

场所：＿＿＿＿＿＿＿＿＿＿＿＿＿＿＿＿＿＿＿＿＿＿＿＿＿＿＿＿＿＿＿＿＿＿＿＿＿

小组成员：＿＿＿＿＿＿＿＿＿＿＿＿＿＿＿＿＿＿＿＿＿＿＿＿＿＿＿＿＿＿＿＿＿＿

内容过程	要点记录
分享者： 分享近期身边人物如劳动模范、能工巧匠、先进个人的奉献精神及具体事迹	
聆听者： 1. 发表对"分享者"所述奉献精神的感悟； 2. 学习哪些品质才能起到奉献精神提升的效果	

2. 克服障碍

共同讨论：为什么要大力提倡奉献精神，讲求无私奉献？

新时代的中职生，作为综合素质较高的劳动者，更应当注重培训奉献意识。当今社会上有许多无私奉献的事例对中职生产生了积极的影响，对当代中职生奉献精神的养成提供了良好的基础。但是也出现了许多自私自利、凡事以自我为中心的现象，这些问题的存在极大地影响了中职生奉献意识的培养。

一般来说，是否具有奉献意识，是评价中职生人生价值的标准之一，是中职生能否适应职场的关键。如何提升奉献意识？针对你的短板，请制订一个克服缺乏奉献意识的行动计划（表6-2），在计划中逐渐提升自我奉献意识。

表6-2　提升奉献意识行动计划表

行动计划	
你目前需要克服的困难	
行动目标	
行动方法	
行动安排	
行动保障	

操作素养

耳闻之不如目见之，目见之不如足践之。——汉·刘向《说苑·政理》

训练目标 通过自我测试，自我测评，案例故事等学习内容，制订个人技能操作行动计划。通过操作实践训练，增强个人动手能力和对工具操控能力，从而提升个人操作素养，使自己在入职后，能尽快适应工作岗位。

情景导入

> 请回忆一下，如果你有做核酸检测的经历，检测人员的防护措施、着装，消毒流程，以及要求受检者保持排队间距等是否符合职业操作素养？是否存在不戴口罩等不符合职业要求的现象？为什么有职业操作素养的医护人员能给我们安全感和信任感？

> 因为医护人员只有穿好防护服看起来才严谨专业。

> 医护人员只有具备良好的职业操作素养，遵守操作规范，具有严谨的工作态度及专业知识技能，才能让我们内心有安全感和信任感。

一、知识准备：操作素养的含义

操作素养是指通过强调意识、训练等手段，提高全员职业操作水准及素质，养成良好的习惯，遵守操作规则及道德规范，并将良好的工作习惯转化为员工的固有素养。操作素养是否达标标志着一个从业者的能力能否胜任工作岗位。强化专业的操作素养是中职学生的必修课，是重要且不可懈怠的任务和责任。

二、实践训练：自我测试

（一）测试题目

即将进入职场的你会遇到以下情况，你会怎样选择呢？以下是有关工厂个人操作素养常识的选择题，请作答。

1. 下列在工作中规范佩戴口罩方式正确的是（　　　）。
   A. 口罩全部放置于嘴巴下侧　　　　　　B. 口罩遮住嘴巴即可
   C. 不需要佩戴口罩　　　　　　　　　　D. 口罩完全遮住口鼻

2. 工作人员用手接触不清洁的物品后，下列洗消流程中正确的是（　　　）。
   A. 清水→洗洁精水→清水→消毒水浸泡5秒钟→甩干→酒精喷洒消毒
   B. 清水→洗洁精水→清水→消毒水浸泡10秒钟→甩干→酒精喷洒消毒
   C. 清水→洗洁精水→消毒水浸泡10秒钟→甩干→酒精喷洒消毒

3. 下列进入车间后更衣流程正确的是（　　　）。
   A. 换拖鞋→戴口罩→戴发网、帽子一换雨鞋→更换工服→着装检查
   B. 换拖鞋→戴发网、帽子→戴口罩→更换工服→换雨鞋→着装检查
   C. 换拖鞋→戴口罩→戴发网、帽子→更换工服→换雨鞋→着装检查

4. 下列进入风淋室前洗手流程正确的是（　　　）。
   A. 湿手→洗手液→冲洗→烘干→酒精喷洒消毒
   B. 湿手→洗手液→搓洗→冲洗→烘干→酒精喷洒消毒
   C. 湿手→洗手液→搓洗→冲洗→酒精喷洒消毒

5. 良好的卫生习惯包括（　　　）。（多选）
   A. 勤洗手、勤理发、勤剪指甲
   B. 不随地吐痰
   C. 乱丢杂物
   D. 保持每日衣物整洁

微课8　操作素养

6. 良好的工作习惯包括（　　　）。（多选）
   A. 不佩戴耳环、项链、手表、戒指等
   B. 车间里面不嬉戏
   C. 所行之处随手关门
   D. 保护产品不受污染

7. 保护产品不受污染的方法是（　　　）。（多选）
   A. 常对手部及工器具进行洗消
   B. 出锅产品及时放至包装车间
   C. 掉地产品回锅处理
   D. 手部及工器具不洁净时绝不接触产品

8. 下列状态下不可以参加食品生产工作的是（　　　）。（多选）
   A. 患有呼吸道疾病
   B. 感冒、咳嗽
   C. 皮肤有伤口
   D. 身体健康，无任何传染性疾病

9. 个人着装规范包括（　　　）。（多选）
   A. 头发不外露　　　　　　　　　B. 工作服整洁，无内衣外露

    C. 佩戴工帽　　　　　　　　　D. 鞋靴干净

10. 现场工作人员可喷香水进入车间（　　　）。

    A. 对　　　　　　　　　　　　B. 错

结果分析

参考答案

1. D　2. B　3. C　4. B　5. ABD　6. ABCD　7. ABD　8. ABC　9. ABCD　10. B

以上测试涵盖了工厂操作素养中的各个方面。每题10分，共100分。得分90分～100分，说明操作素养高，注意保持，让自身的操作素养得到更好的升华；60～80分，说明操作素养较高，还需进一步加强培养；60分以下，说明操作素养不高，需要加强学习、对照检查自己存在的问题，进行改正、提高。操作素养需要长时间的强化训练，才能使你的职场操作素养提升。中职学生应该认真学习所选专业、所从事行业的操作素养，同时必须加强专业技术技能训练，将专业技术理论转化为操作技能技巧，其关键在于理论联系实际，积极参加实习和社会实践；还要取长补短，多向有经验的人学习，从而不断提高自己的职场操作素养。

知识拓展

【案例故事】

备受瞩目的北京奥运会的餐饮供应工作极其重要，在奥运餐饮的操作人员中，多名工作人员要从事"给西瓜削皮、土豆切片"之类的单调、简单的工作。中餐在材料供应上有很多是需要手工完成的，对操作素养及规范有很高要求。虽然从事的工作看起来很简单，但是如果不按照操作素养要求规范操作，会对整体服务产生严重影响。只有按照操作素养要求操作，才能顺利完成此项工作，才能同全国人民一样，树立奥运服务工作"一盘棋"的思想。

读读想想：在职场中需要培养的操作素养有哪些？

—— 拓展实践训练 ——

请同学们模拟一个职业，并演示从事这项工作所需的基本职业操作素养。

三、自我测评与提升

1. 体验过程

以小组为单位，结合自己对某个行业操作素养的认知，假定一个职业，表演此种职业所需的操作素养，然后扮演观察者，观察你身边的同学是否遵守操作素养要求，记录下来（见表7-1）；同时，在各种场合中使用所学的操作素养知识，让提升操作素养成为习惯；最后发表体会感言，通过学习对比你是否有进步。

表7-1　操作素养活动记录表

参加活动主题：_____

场所：_____

小组成员：_____

内容过程	问题分析
在参加活动中是否发现有不符合操作素养的行为？请列举	
在参加体验中，你注意到体现了哪些操作素养？	
感言	

2. 克服障碍

良好的操作素养有助于职场人更好地服务社会，获得认可。操作素养是劳动者对社会职业了解与适应环境能力的一种综合体现。影响和制约操作素养的因素很多，主要包括受教育程度、实践经验、社会环境、工作经历及自身的一些基本情况（如身体状况等）。

一般说来，劳动者能否顺利就业并取得成就，在很大程度上取决于本人的操作素养，操作素养越高的人，获得成功的机会就越多。如何提升操作素养，使自己在学校学习期间具备良好的社会适应能力？针对你的不足和短板，请制订一个克服困难，提升操作素养的行动计划（表7-2），在计划中通过一种活动（如在折纸、剪纸、布艺、编织、黏土雕塑、刺绣、雕刻等技艺中选择至少一项自己最感兴趣的手工，然后根据教程制作一件工艺品，增加动手操作的机会和时间，培养动手实践的素养），使自己每天迈开一小步。

表7-2　提升操作素养行动计划表

行动计划	
你目前需要克服的困难	
行动目标	
行动方法	
行动安排	
行动保障	

环境适应力

一个生活在社会之外的人，同人不发生关系的人，不是动物就是神。如果人完全脱离了人际交往，脱离了社会，人就不再是人，而成为动物。——亚里士多德

训练目标 通过自我测试、结果分析，了解个人的环境适应能力，结合案例故事、实践训练，分析出提升个人环境适应力的方式方法，制订出提升个人环境适应力的行动计划，并付出实践，增强个人环境适应力，以适应快速发展、日新月异的时代。

情景导入

> 在这个千变万化的时代，环境适应力对人们来说尤为重要。尤其是在今天，企业为了生存，改变其组织架构、营销模式等，我们每个人都应该做出相应的改变来适应环境，但是怎样才能适应环境呢？

> 我们需要变得更加灵活，和形形色色的人打交道，处理各种各样的问题，提高自己的环境适应力。

一、知识准备：环境适应力的含义

能够针对外界的各种变化，及时调整身体状态，很快适应环境，我们一般把这种能力称为适应环境的能力，也就是环境适应力。环境适应力的内容一般包括以下几个方面：个人生活自理能力、基本劳动能力、选择并从事某种职业的能力、社会交往能力、用道德规范约束自己的能力。从某种意义上来说，环境适应力是指社会交往能力、处事能力、人际关系能力。同时，环境适应力也是反映一个人综合素质能力高低的间接表现，是个体融入社会、接纳社会能力的表现。

适应要有一个主体，也就是你；要有一个环境，就是你将要生活的"新房子"，里面有新的人、新的事、新的心情；最后也是最重要的是"改变"。环境变，你怎么变？适应是个体与环境动态平衡的过程，当环境发生改变时，作为适应的主体，你必须认清这种改变的性质和内容，相应地调整自己的心理和行为。人类得以生存和绵延发展，就是掌握了这种调整的秘诀。

二、实践训练：自我测试

（一）测试题目

这套题目测试你对环境的心理适应能力，请在8分钟之内完成以下题目：

1. 当我到了一个新的环境后，很容易和别人打成一片。
    A. 是　　　B. 不确定　　　C. 不是

2. 突然到了一个新的环境，如转学或换工作，我需要花很长时间才能克服心中的恐惧情绪。
    A. 是　　　B. 不确定　　　C. 不是

3. 和陌生人在一起时，我总会很窘。
    A. 是　　　B. 不确定　　　C. 不是

4. 我喜欢接触新的学科，对它们我总是很投入。
    A. 是　　　B. 不确定　　　C. 不是

5. 如果不是睡在我熟悉的床上，或者在自己的房间里，我就不能睡好。
    A. 是　　　B. 不确定　　　C. 不是

6. 我很能适应生活中出现的大起大落，无论出现什么事情，我都能很好地解决。
    A. 是　　　B. 不确定　　　C. 不是

7. 身处人群中时，我最容易紧张。
    A. 是　　　B. 不确定　　　C. 不是

8. 我在考试时通常都能发挥出正常的水平。
    A. 是　　　B. 不确定　　　C. 不是

9. 当我站在讲台上，面对台下的同学们时，我会感到非常紧张。
    A. 是　　　B. 不确定　　　C. 不是

10. 即使对某个人有意见，我仍能与其和平相处。
    A. 是　　　B. 不确定　　　C. 不是

11. 做一件新的事情总会使我感到束手束脚。
    A. 是　　　B. 不确定　　　C. 不是

12. 我乐于接受别人的意见，不会固执己见。
    A. 是　　　B. 不确定　　　C. 不是

13. 在与他人争论过程中，我会不知道如何反驳，过后又会想起当时应该怎么说。
    A. 是　　　B. 不确定　　　C. 不是

14. 我不会想要奢华的生活，即使身处艰难的境地，也能保持心情愉悦。
    A. 是　　　B. 不确定　　　C. 不是

15. 在课堂上背课文会让我紧张，即使原来已经背熟了，到时也会犯错误。
    A. 是　　　B. 不确定　　　C. 不是

16. 做一件事到了最紧要的关头时，即使我内心紧张，也能保持头脑清醒。
    A. 是　　　B. 不确定　　　C. 不是

17. 如果讨厌一件事情，即使我努力也学不好。

　　A. 是　　B. 不确定　　C. 不是

18. 即使坐在有很多人说话的教室中，我仍然能高效率地学习。

　　A. 是　　B. 不确定　　C. 不是

19. 当有人来家里做客时，我会非常反感，不愿意与他们相处。

　　A. 是　　B. 不确定　　C. 不是

20. 我经常参加各种活动，从而认识了很多人。

　　A. 是　　B. 不确定　　C. 不是

（二）结果分析

测试记分方法及答案：选择1、3、5等奇数题目时，选A项减2分，选B项不得分，选C项加2分；选择2、4、6等偶数题目时，选A项加2分，选B项不得分，选C项减2分。将以上20道题的分数累加，总成绩低于5分，则说明你的适应能力非常差；6~16分，说明你对环境的适应能力比较差；17~28分，说明你的环境适应能力一般；29~34分，说明你有一定的环境适应能力；35~40分，说明你的环境适应能力非常强。

> **知识拓展**
>
> **【案例故事】**
>
> 　　工业革命之前，英国大部分地区有一种淡色、带斑点的蛾子。由于工业生产导致污染加重，工业粉尘使天空变得灰暗，在短短几十年间，这种蛾子从白色变成了黑色。这样，蛾子就能隐藏在被灰尘覆盖的树叶草丛中，不易被天敌发现，从而保护自己。生物学家认为，这种蛾子的神奇变化是达尔文进化理论的"完美注解"。因此，这种蛾子也被称为达尔文蛾子，标志了环境的变化及这种变化对自然世界的影响。如今在英国冒黑烟的污染企业已经成为遥远的回忆。随着环境的改善，人们惊奇地发现达尔文蛾子又变回了白色。科学家认为，黑色的达尔文蛾子正在消失，最初的浅色蛾子又重新占据统治地位。这是对达尔文进化理论的进一步证明。所以说，生物只有随着环境的变化而进化，才能生存下去。
>
> 　　**读读想想：**生物如此，智慧高出多个战斗级别的人类应该经验更丰富，只不过在人类历史的发展进程中，由于生活安逸、生存压力减少，"适应"这种本能已经渐渐隐退"幕后"，被压抑降低了战斗力，需要重新召回。每当更换新的生活环境，就像游戏中换新地图，在新奇寻怪的过程中不免惴惴不安，道路不熟、环境差异、NPC（non player character，非玩家角色）变化都可能引起手感不适，导致行动迟缓，影响最终成绩。
>
> 　　由于社会的高速发展，都市化进程的加快，环境污染、人口的大量流动、工作和生活压力的增加等导致人们的社会心理问题增多。面对急剧发展变化的现代社会，如何提高环境适应力呢？

——— **拓展实践训练** ———

（一）

沈小溪，男，外号"神经溪"：我觉得我和同学们相处得都挺好的，但就是跟自己相处不好，尤其是上了高中以后，经常没来由的心情时好时坏，心情好的时候千好万好、一片祥和，情绪来了翻脸无情，有时因为一件小事我都能和同学争论得脸红脖子粗，回家后更是控制不住我的暴脾气。有一次，我和我妈生气一拳打到门玻璃上，手腕上的筋都断了两根，可心情好的时候会哄着妈妈。我也不知这是怎么了，感觉已经无法控制自己了。难道就这么一直"神经"下去？

郑智，男，外号"真理帝"：我这人最大的爱好就是"说服别人"，凡事总想拔得头筹，高一班主任在我的评价表上写的是"该生求知欲较强，但仍需要吸收更丰富的知识"。我知道，他是想说我不管对错，总要显摆自己懂得多、争个输赢，其实我真的觉得他们太弱了，讨论的那些东西我上小学时都知道，虽然有时可能会出现点儿记忆错误……有时我也想低调点儿，可看到他们明明不懂还在讨论时，我就忍不住想给他们指一条明路。

李梦，女，外号"迷茫姐"：我真的很迷茫，为什么上了高中天天努力学习、熬到半夜，还是考不过平时不努力学习的男生，都说上了高中女孩就比不上男孩了，我从注意力、记忆力、意志力等多个角度做了统计分析，差异不显著，我实在是接受不了。

外部环境变化是客观存在的、不可控的、可能随机出现的，而内部的心理环境变化则是成长中的必经过程，是与高中阶段学生的心理发展特点密切相关的。这个阶段的个体心理历程用两个通俗的字来形容就是"纠结"。

心理学范畴上谈到"适应"通常有三个角度：一是生活环境上的适应，即个体根据所处生活环境的变化而变化应对方式，使自己的生活更舒适的过程；二是心理环境上的适应，也是最重要、最核心的内容，即面对变化自己的心理防御机制，调动各种心理机制恢复平衡、改善状态的过程；三是社会人际环境的适应，这是对个体来说影响极大的部分，是面对新的人际关系、人际环境，如何处理使之能帮助自己顺利发展的过程。

适应心理环境的改变，就是一个内在自我斗争、成长的过程。此时心理环境的变化和矛盾还是比较集中的，对此变化的适应更宜从积极改变的角度出发，化被动为主动。

矛盾一：情绪化——理智

情绪发展至此已非常丰富，但稳定性仍有不足，情绪变化常常不能顺利过渡，经常会出现晴空下的暴风骤雨，但与孩童时不同，理智上位了，知道该管住情绪了，"后悔"是最常出现的纠结，然而很多时候已经"追悔莫及"了。

因此，学会控制情绪的方法很重要，行为训练针对认知清晰但无力改变的情况是最有效的。在手腕上缠皮筋，发现情绪变化时弹自己一下；发脾气前强迫自己做10个俯卧撑；无故想哭的时候唱一首欢快的歌曲，都是极好的办法。

矛盾二：求知欲——辨别力

十六七岁的时候正是大脑高速成熟和发展的时间段，此时疯狂的求知欲会占据你的大脑，你会对课本和课外的东西感到好奇，总想刨根问底了解透彻，也非常有表达欲，想把自己的观点和想法分享出来，在显示自身水平的同时也能"帮助"他人，然而由于社会阅历较浅，对问题的理解往往有所偏颇，往往很容易多说多错。思绪像管不住的野马，既然管不住就不要硬拉缰绳了，想问就问个清楚、想说就说个痛快，只要你能经受住别人厌烦的眼光。但还是希望你能在丰富自身知识底蕴的基础上，凡事不要只看一家之言，多些角度收集信息，提高发表演讲时的准确性。

矛盾三：自我封闭——交往需要

孤独、寂寞、没人理解，是我们经常要面对的心路历程，小时候回家还愿意把学校的事情讲给爸妈听，长大了恐怕"你不问，我也不说""问了我也不一定说"。这种心灵上的封闭催生的孤独感有时让我们无比惆怅，但年轻的心又不免渴望交流，希望有人能"真的"懂我，寻寻觅觅不得，更觉苦闷。面对自己的这种心理变化，最好的解决方法就是"说话"——给自己规定任务，每天必须与人说话10~20分钟，可以是你说对方听，可以你们互相说，要经常换人，哪怕对方说的你不想听，也要忍着。也不能在你妈妈准备跟你倾诉满腔爱意时残忍地提出"对不起，时间到了"。起初是任务，习惯化之后就变成自然而然的生活内容，你也就顺利度过这一时期了。

矛盾四：理想——现实

理想是扬鞭不断驱赶我们奋斗的目标，如果说人生中还有哪段时间是最斗志昂扬的，那便是中学时代了，任何奋斗的目标、远大的理想、遥不可及的梦想都不算过分。然而，现实往往是起到打击破坏作用的，发现自己的能力根本无法达成目标后，理想根本够不着时，所受的打击不可估量，轻者伤心欲绝之后奋力再战，重者从此萎靡不振爬不起来。

（二）

张晴，女，今年从初中升到中职。我的性格内向，很少主动与人交往，中学几年只有为数不多的几个好朋友。我印象最深的是高一开学那一天，我认识的同学很少，报到第一天坐在教室里，看到同学们认识的不认识的三三两两凑在一起开心地聊天，我真心羡慕，可我也不好意思参与进去，总希望门口走进来的是以前的朋友。终于一个女孩朝我的座位走过来坐下，还没等我高兴太久，女孩跟我说："同学，能麻烦你坐到前面的座位上吗？我朋友来了想跟我坐在一起。"占了我的位置还把我赶走，我怒火中烧，但仍微笑着换了座位。这个场合我不知怎样处理，也不会就势跟她攀谈。开学这么久了，看着大家都慢慢熟悉起来，受了打击的我还是融入不了大家的圈子。

笑笑，女，不愿暴露身份的中职生。家长和老师经常挂在嘴边的就是"早恋猛于虎"，我总是不屑一顾，我觉得自己眼光挺高的，那些男孩没有一个能入得了我的眼。可是，这一切都被某人打破了，某人是这学期新转来的男孩，文笔好、运动棒，是少数能与我交流新诗歌的人，我们一直当挚友交流着。一次篮球赛后，看着阳光下他满脸滴着汗珠的模样，我突然觉得心里一动，我不确定自己是爱上他了还是只是对同学的欣赏，心理总觉得很别扭，和以前不一样了。我不再跟他交流新诗，他找我说话我都会故意躲开，他还纳闷我为什么不理他，其实我是不知道该怎样跟他相处才好。

优秀的人际交往能力也是一个人综合能力的体现，是身心健康发展的标志，这种能力是随着社会生活的深入而逐渐培养起来的。新旧环境交替时，是人际能力的体现和培养的最佳时机。

搬入新的社区、换到新的学校、升到新的年级、融入新的班级，每一点的变化都会随之出现身边交往人员的变化。怎样跟新同学迅速地建立友谊？如何能在最短时间内适应新老师的讲课风格？怎样化解与同宿舍新舍友之间的矛盾？面对宿管阿姨的"刁难"应怎样处理？……这些都是需要大智慧的。

相信每个人在面对新的人际关系时都会胆怯和紧张，只是这种情绪出现多久的问题，你可以观察那些人际交往能力强的人，会发现其实与陌生人的交流是有章可循的。

交流技巧：

（1）自我检讨式的询问。比起询问对方觉得自己刚才哪个地方需要改进，自己举一个例子然后问别人是否行得通，相比较而言就容易得到回答了。

（2）在身边寻找更擅长处理紧张的局势，或者更擅长和不同类型的人和不同部门的人打交道的人。和他吃饭的时候向他请教，一般来说，凡是善于处理这种紧张局面、擅长和不同的人打交道的人，你都可以观察学习，然后自己尝试着来做一做。

（3）察言观色。这里所说的察言观色并不是"见风使舵""见人说人话，见鬼说鬼话"，也不是"当面一套、背后一套"或者"对上司恭维，对下属蛮横"，而是在职场中能比较敏锐地察觉对方的态度和情绪，进而做出合适的言行举止。合适的言行举止并不只是一味地迎合别人、压抑自己的情绪，而是要尽可能地展现出自己的职业素养，减少冲突、矛盾的发生。与客户洽谈时，须敏捷地关注对方的每句话、每个迟疑，要尽量快速知道他在想什么进而思考如何针对性地处理。

（4）掌握沟通和倾听的技巧。正式沟通用在工作上，非正式沟通用在各种聊天的场合。

（5）谦受益，满招损。例如，别人给你提意见的时候，如果只是习惯性地去找理由解释，长此以往，给你提意见的声音就会消失。当你听到别人给你提意见的时候，别急着下判断或者辩解，先让自己冷静下来，客观、理性判断对方的意见，正确的意见，欣然接受；不正确的意见，给予微笑。

（6）多维度地开发自己，走出舒适区。比较典型的事例就是在"稳定"的工作单位待久了，除了喝茶、聊天，其他都不会，人到中年遭遇失业——上一代的下岗和这一代的裁员不外于此。不要介意去做自己觉得"丢身份"的事。

三、自我测评与提升

1. 体验过程

人的一生就是自我认识、自我发展的过程。人的一生其实都在探索和回答着这样的一个问题：我是一个什么样的人？我将成为一个什么样的人？只有正确地认识自我，才能找准自己的位置，才能适应社会，立足于社会。青年期是人生的重要发展时期。青年时期树立良好的自我意识、培养健全的人格对一生的健康发展起着重要的作用。

如何正确认识自我？

（1）接受自我。要正确地认识自我，首先要接受自我，即要树立"天生我材必有用"的思想。每个人都有自己的天赋，也有自己的客观环境。我们如果只看重天赋，就只看到了事物的一半，而且是比较容易做到的一半。另一半就是自我的客观现实，它是通过学习、锻炼和争取的一半，是可以改变的一半。因此，首先只有接受自我，才能改变自我，也才能达到自我实现。做到接受自我的方法是：a.正确地对待自己的短处；b.不要一味地与别人的长处比较；c.积极地进行自我调控；d.注意体验积极的情感。

（2）克服自卑。要正确地认识自我，就要克服自卑的心理。自卑就是自己看不起自己，自己对自己持否定态度的情感。其实不一定是本人具有某种缺陷或不足。人们最大的弱点就是通过一件事否定自己，结果被消极的情绪困扰，失去信心，疏远朋友，愧疚自责，没有了竞争意识，享受不到成功的喜悦。克服的方法有：a.正确地评价自己和他人；b.树立适当的奋斗目标；c.增加交往，学会调控自己情绪的方法；d.积极参加各种活动，扬长避短，体验成功。

（3）学会面对挫折。要正确地认识自我，就要学会面对挫折。挫折是当一个人从事有目的的活动，遇到阻碍和干扰，需求得不到满足时所表现出的一种消极情绪。人生难免会遇到挫折，没有经历过挫折和失败的人生是不完整的人生。人就是在挫折和失败中，不断地认识自我、体验自我而成长起来的。在人生的道路上，挫折和失败是不可避免的，但是我们完全有办法应对它。应对挫折的办法是：a.培养积极向上的人生态度；b.不要过分计较个人得失；c.转移和分散注意力；d.主动找知心朋友谈心，寻求支持和安慰；e.吸取教训，重新认识自我。

2. 克服障碍

寻路练习：拿出纸笔，闭上眼睛，在脑中回忆一遍从你家到学校的路程；在纸上画出你家房子和学校的示意图，注意确定好大致的距离和方位；之后在两者之间将你每天上学的路程画下来，注意尽量画全路途中的标志性建筑物，如车站、某知名大厦、大桥、医院等；不必严格地要求比例尺完全准确，可以容忍画得难看一点儿，但希望你能把想到的尽量多的细节画出，可能你会需要一张很大的纸；画好后，请你找出并标注：离学校最近的一家可以买到A4型纸张的超市、最近的可以去附近大医院的公交站牌……当然，可以和你的同学一起做这个游戏，互相规定要找到的地点。到了新的生活环境中，这个游戏能最快、最高效地达到熟悉环境的目的，同时这个游戏也可以进行演化：在宿舍里用最短的时间找到最喜欢的那双蓝色条纹袜子，在食堂档口中最快找到喜欢口味的茄子并最快打上这个菜……当这些对你来说都不在话下时，你就已经具有适应新环境的能力了。

人们适应社会环境有两种形式：一种是改造社会环境，使社会环境适合人们的需求；另一种是改造人们自身，去适应社会环境的要求。无论哪种形式，最后只有达到环境与人们自身的和谐一致的目的，人们才能健康愉快地生活。提高社会适应能力的具体方法有以下几个。

（1）要主动接触社会，积极适应社会环境。首先要主动地投入社会环境中，不管现实环境多么令人不愉快。只有接触环境，才能认识环境和适应环境。最好的办法是随着年龄的增长，有目的地进行一些有益的社会实践活动，有意识地锻炼自己，这样可以进一步认识自己，认清自己在社会环境中所处的位置。适应社会环境还分为被动适应和主动适应。被动适应会表现出对环境的无可奈何，产生消极、忧郁、焦虑甚至逃避的负面情绪。主动适应则能发挥自己的主观能动性和无限的创造力，努力克服各种困难，从而产生积极向上、愉快、满意、充实的正面情绪，这不仅能够使我们很好地适应环境，还有利于我们的身心健康。

（2）要积极调整心态，提高应对的技巧。在接触社会环境的过程中，我们肯定会遇到或产生社会环境和自身条件之间的矛盾及冲突。如果我们能够审时度势，选择有利的环境条件，抓住机遇，同时能够积极地调整自我，学习有关的技能，提高应对的技巧，这样我们就能较快、较好地适应环境，并且取得成功。

（3）要利用社会支持系统，积极寻求帮助。人们在积极地接触社会的过程中，会遇到各种问题，出现各种心理上的苦恼与困扰。为了更好地适应社会，除了及时地调整自我，有效地利用社会支持系统寻求他人的帮助也很重要。有了社会的支持和亲朋好友的帮助，就没有克服不了的困难。因此，我们要学会利用社会支持系统帮助自己适应社会。

微课9　适应能力差
怎么办　可以试试这样做

情绪控制力

我们这一代的最伟大的发现就是人们可以通过改变他们的心态来改变他们的生活。

——威廉·詹姆斯

训练目标 通过自我测试、案例分析、思考训练等学习途径，采用理智分析法、宣泄法、放松法、音乐调整法、其他辅助方法等训练方法，增强对自身情绪的控制，使自己在求职时和入职后能善于调整其情绪以保持良好积极的心态，以适应变化万千的职场生活。

情景导入

> 在生活中，谁都会有情绪上的体验：高兴、愉快、烦闷、痛苦……那么，究竟是什么造成了我们的情绪变化呢？当我们在职场中因为某些原因引起了自己不良情绪的出现，我们应该怎么去应对？

> 情绪产生的原因十分复杂，它是人脑对客观事物是否符合人的需要而产生的一种态度体验。积极、稳定、乐观的情绪是心理健康的重要标志，是受自我调节和控制的。

一、知识准备：情绪控制力的含义

情绪是人对客观外界事物的态度的体验，同时具有环境、生理和认知、行为等多种成分。人的情绪变化可以从动力性、激动度、强度、紧张度四个维度去度量。情绪控制力是指通过个体自身的生理机制、内部体验、外部表现和不同的适应功能去控制自己的情绪变化，学会做自己情绪的主人。健康的情绪是受自我调节和控制的。

二、实践训练：自我测试

（一）情绪调控能力自测题

情绪调控能力自测

以下有18种生活场景，在这些生活场景中，你是如何反应的呢？在每个问题后面提示的一些反应中，根据你的情况，在每项的"是""不是"中选择a或b。

（1）当你参加一个隆重的酒会时，你突然被要求即兴表演节目或演唱一首歌。这时你的反应：

反应	是	不是
心跳加剧	b	a
有些焦急不安	b	a
很愉快	a	b
沉着镇定	a	b
有点儿困惑	b	a
有点儿脸红	b	a

（2）你去一家百货店购买商品时，几次要求售货员服务，但她佯装不知，故意不理睬你。这时你的反应：

反应	是	不是
愤怒	b	a
沉着镇定	a	b
心跳加剧	b	a
语气平静	a	b
困惑	b	a
充满敌意	b	a

（3）当你的邻居遭到盗窃，民警来你家访问调查，你已提供所知道的情况，但民警还在盘问。这时你的反应：

反应	是	不是
态度友好	a	b
不满	b	a
沉着镇定	a	b
心情不安	b	a
感到厌烦	b	a
耐心应对	a	b

（4）好友与你商定一个约会，在指定的地点和时间，你等候了1个小时，他（她）还没出现。这时你的反应：

反应	是	不是
生气	b	a
充满怨意和不满	b	a
心平气和	a	b
焦急	b	a
情绪轻松	a	b
责怪、诉苦	b	a

（5）在餐厅里，你的一盆热气腾腾的饭菜还没吃，被自己不小心全部碰翻在地。这时你的反应：

反应	是	不是
懊恼	b	a
愉快	a	b
困惑	b	a
自然地笑起来	a	b
面红耳赤	b	a
有点儿发愣	b	a

（6）有一次你坐公共汽车忘了买票，正好售票员查到了你。这时你的反应：

反应	是	不是
面红耳赤	b	a
沉着应付	a	b
心跳加剧	b	a
保持微笑	a	b
有羞耻感	b	a
出汗	b	a

（7）你半夜从梦中醒来，听见厨房发出声响。这时你的反应：

反应	是	不是
沉着应对	a	b
心跳加剧	b	a
冷静地思考	a	b
不安	b	a
身体有点儿僵硬	b	a

（8）你回到家里，发现水正在从浴缸里溢出来，整个家里像一个水池。这时你的反应：

反应	是	不是
惊慌失措	b	a
充满怒气	b	a
沉着冷静	a	b
懊恼	b	a
保持平静	a	b
不由自主地笑起来	a	b

（9）你去参加一场口试，在场外等了好久，终于轮到你入场了，但对方提出的问题均在你的预想范围之外。这时你的反应：

反应	是	不是
血一下涌到头脑中	b	a
心跳加剧	b	a
沉着应对	a	b
冷静地思考	a	b
手心里有汗	b	a
感到不安	b	a

（10）你一个人乘坐高层建筑的电梯时，突然电梯在中途停止不动了。这时你的反应：

反应	是	不是
沉着冷静	a	b
感到害怕	b	a
保持情绪稳定	a	b
有点儿慌乱	b	a
兴奋	a	b
感到不愉快	b	a

（11）你乘坐公共汽车参加一次很重要的考试，但是交通发生严重阻塞，眼看考试时间马上要到了。这时你的反应：

反应	是	不是
焦急	b	a
兴奋	b	a
坐立不安	b	a
出汗	b	a
冷静地思考	a	b
沉着不慌张	a	b

（12）你向你的朋友提出一个很好的建议，可是他们不但曲解了你的意思，还嘲笑你的建议。这时你的反应：

反应	是	不是
生气	b	a
愉快轻松	a	b
沉默不语	b	a
困惑	b	a
暂时中断来往	b	a
保持心平气和	a	b

（13）你去报考某所学校，口头能知已被录取，正式通知却被告知没有录取。这时你的反应：

反应	是	不是
绝望	b	a
冷静地思考	a	b
泄气	b	a
怨恨	b	a
充满自信	a	b
对这所学校抱有敌意	b	a

（14）你加入某个旅游团去观光，在某风景地，该旅游团让你按时按规定地点上车，谁知等你赶到时，车子早在规定时间前就开走了。这时你的反应：

反应	是	不是
困惑	b	a
愉快轻松	a	b
生气	b	a
保持冷静	a	b
不知所措	b	a
不安	b	a

（15）你有一技之长，还在认真地将技术传授给你的朋友，可是你的朋友中途提出不需要再学习了。这时你的反应：

反应	是	不是
生气	b	a
轻松愉快	a	b
憎恨	b	a
幽默	a	b
冷淡	b	a
心平气和	a	b

（16）你为了学好某门学科下了很大功夫，并且还有了一些进步，可老师仍然不满，并批评责备你。这时你的反应：

反应	是	不是
有敌意	b	a
轻松愉快	a	b
不理睬	b	a
仍充满信心	a	b
困惑不安	b	a
不满、泄愤	b	a

（17）你告诉你的好朋友一些知心话，并希望他（她）能严守秘密，但他（她）无意之中将秘密泄露给他人，又正好被你当场发现和听到。这时你的反应：

反应	是	不是
感到不快	b	a
保持平静	a	b
若无其事	a	b
责备、非难	b	a
友好处理	a	b
充满不信任感	b	a

（18）半夜里你被惊醒，周围邻居发出一片惊呼声"发生地震了"，你也发现房屋确实在摇晃。这时你的反应：

反应	是	不是
有些惊慌	b	a
沉着镇定	a	b
冷静行动	a	b
逃命	b	a
感到恐惧	b	a
身体有些僵硬	b	a

（二）结果分析

测定结果的评定：

统计出所有项中选a的个数，a的个数就是你的原始分数。再将原始得分按下表（见表9-1）换算成标准得分，然后阅读测定结果说明。

表9-1　情绪调控能力自测得分换算表

原始得分				标准得分
13~16岁	17~21岁	22~30岁	31岁以上	
90~108	95~108	98~108	100~108	5
80~89	85~94	88~97	90~99	4
70~79	75~84	78~87	80~89	3
45~69	50~74	52~77	54~79	2
0~44	0~49	0~51	0~53	1

测定结果说明：

标准得分为5分的人，自我情绪和调控能力非常强，具有良好的抗挫折、抗压力能力，在非常紧急和重大的事件面前能保持沉着镇定的态度，不会迷失方向，能很好地处理问题和事态。

标准得分为4分的人，与同年龄层次的人相比，能妥善地管理自己的情绪，在一般压力和挫折面前不会轻易动摇。尽管一些问题和事态一时不能解决，但个人的冷静沉着和意志不会丧失。

标准得分为3分的人，自我情绪的调控、管理能力，对压力和挫折的承受能力处于平均水平。

标准得分为2分的人，自我情绪和调控能力处于平均水准，但抗压力、抗挫折的能力较低。在精神负担过重的情况下会失去平静感，较担心失败和挫折，有时会丧失情绪的平衡。

标准得分为1分的人，不满、不安、困惑的倾向较强烈，不太能承受失败的挫折，请用幽默或轻松的态度来对待小挫折或意外事件，以宽容的情绪来看待这个世界和任何事物。

知识拓展

【案例故事】

有一个脾气较差的男孩，他父亲给了他一袋钉子，并且告诉他，每当他发脾气的时候就钉一个钉子在后院的围栏上。第一天，这个男孩钉下了37根钉子。慢慢地，男孩每天钉钉子的数量减少了，他发现控制自己的脾气要比钉那些钉子容易。于是，有一天，这个男孩觉得自己再也不会失去耐性，乱发脾气了。

他告诉父亲这件事情。父亲又说，现在开始每当他能控制自己脾气的时候，就拔出一根钉子。一天天过去了，最后男孩告诉他的父亲，他终于把所有钉子都拔出来了。

父亲握着他的手，来到后院说："你做得很好，我的好孩子！但是看看那些围栏上的洞，这些围栏将永远不能恢复到从前的样子。你生气的时候说的话就像这些钉子一样留下疤痕。如果你拿刀子捅别人一刀，不管你说了多少次对不起，那个伤口将永远存在。话语的伤痛就像真实的伤痛一样令人无法承受。"

读读想想：故事中的父亲教会了孩子用智慧的方法去面对生活中不同环境及不同的人和事带来的情绪变化。即将步入职场的我们，应该如何提高自己的情绪控制力？

——— 拓展实践训练 ———

情绪控制力是可以通过一些具体的方法来慢慢锻炼和提高的，情绪的控制和调节的主要方法有理智分析法、宣泄法、放松法、音乐调节法、其他辅助方法。

理智分析法包括加强自身修养、积极的自我暗示、理性情绪疗法。其中，积极的自我暗示能让我们保持良好的心情、乐观的情绪和自信心，从而调动人的内在因素，发挥主观能动性。例如，你忙碌了一天回家，不要说"我累坏了"，而是说"我忙了一天，现在真轻松"；不要说"我不会失败"，而要说"我一定能成功"；不要说"难道我不够好吗？"，而要说"我很好，我可以更好"等。我们越是经常性有意识地选择积极、扩张的语言和概念，我们就越容易创造一个积极的现实。这样积极的心理暗示可以对我们在成长中遇到的复杂的、被动的心理状况起镇定作用、集中作用和提醒作用。

宣泄法包括眼泪缓解法、运动缓解法、转移注意法、合理化信念。从心理健康的角度来考虑，大声哭是发泄情绪的方法之一，尤其是对突如其来的打击所造成的高度紧张、极度痛苦，可以起到缓解作用，防止痛苦越陷越深；人在情绪低落的时候，进行合理、适当的运动也可以在一定程度上缓解不良情绪，如在大雨中奔跑、在球场上打球、在沙滩上疾走等，这些都是释放情绪的方法；情绪不佳时，为转移自己的注意力，做一些自己感兴趣的事，如外出散步、看电影、换换环境等，都是一种缓解情绪的方法。

放松法包括呼吸放松法、肌肉放松法、冥想放松法。

音乐调节法是调节情绪的一剂良药，在不同的心理状态下倾听相应的音乐能调节人的情绪，使人产生愉悦感。

其他辅助方法包括环境调节法、自我鼓励法、语言调节法、能量发泄法。例如，有的人在家里挂着"忍""宁静致远""天道酬勤"之类的条幅，用无声的语言进行自我命令、自我提醒、自我暗示，以调节自己的情绪。

以上方法可以帮助我们在学校及入职后不断锻炼和提高自己对情绪的控制能力，使情绪的目的性恰当、反应适度、不带有幼稚的和冲动的特征，符合社会规范的要求，从而符合情绪健康的标准。

（1）在一次英语考试中，过去总考不及格的王刚竟然考了95分，同学们议论纷纷，都怀疑王刚作弊。王刚感到非常委屈，他想：尽管上课时自己不敢大胆发言，但自己每天起早贪黑，刻苦努力就是为了争取不断进步。他受不了同学们异样的眼光，觉得大家都在侮辱他。于是，当一天又有一个同学让他介绍超速进步的诀窍时，他便大打出手，最后，受到学校的通报批评。同样的事情在李明同学身上也发生过。李明听到同学们的议论后，在伤心地大哭一场之后，暗下决心，更加努力学习，争取保持已取得的成绩，以此来证明自己的实力。

王刚和李明同学在同样的事情上的情绪反应相同吗？你认为他们的情绪反应是积极情绪还是消极情绪？请结合材料简单谈谈为什么中职生的情绪更需要调节。

（2）认识自己的情绪。首先，请闭上眼睛，想一想你最怕什么？如怕说错话、做错事；怕和陌生人讲话；怕别人不喜欢自己；怕孤独；等等。其次，问自己，为什么会害怕？比如为什么害怕别人不喜欢自己。再问下去，如此害怕的原因是什么？例如，害怕别人不喜欢自己，是否因为自己的价值是建立在他人的肯定和欣赏上，如此之后，思考下面的问题。

我是谁？

我是否有价值？

我为什么要生活？

我努力奋斗为的是什么？

生命的意义是什么？

三、自我测评与提升

1. 体验过程

寻找自己身上可能引发不良情绪的事件，运用情绪控制的ABCDE方法进行调节（见表9-2）。

A（Activating event）——可能诱发情绪波动的事件。

B（Belief）——解释诱发事件的想法。

C（Consequence）——诱发事件引起的后果或表现（情绪反映）。

D（Disputing）——辩论。

E（Effect）——新的认知情绪行为。

表9-2　ABCDE方法范例

问题情境　A	当众发言
不合理观念　B	我一定要表现得很好,否则会被人笑话
情绪/行为反应　C	紧张、焦虑、浑身发抖,无法集中注意力
反驳不合理观念　D	如果我没表现好,结果真的有那么糟糕吗? 别人会整天无事可干,天天评论我吗? 我想表现好,就一定能表现得好吗? 有些结果并不完全由我控制。 我为什么非要表现那么好呢? 难道敢于尝试不是一种勇气吗? 别人难道就一定比我强吗
处理问题的态度　E	如果我继续坚持这个信念,我会更焦虑,而且会更糟。 你想紧张就紧张吧,你想脸红就使劲红吧,爱怎样怎样吧

2. 克服障碍

选择一次在全校同学面前发言的机会，或者准备一次面试的机会，尝试自己从台前准备、上台发言、主客观评价、反思提升的全过程体验，通过对自己情绪变化的记录和分析，谈谈自己是如何提升情绪控制能力的，并运用情绪控制ABCDE方法制订自己在校三年情绪控制力的训练计划。

微课10　用好情绪
控制的调节阀

职场洞察力

智是观察与思考，慧是抉择与判断。——林清玄

训练目标 通过自我检测、案例分析、思考训练、测试提升等过程，能将自身内部优劣和外部职场环境联系起来并加以分析判断，以查悉事情的本质所在。学会察言观色，透过现象看本质，把握机会并精准实施策略，以实现职场目标，在职场得心应手。

情景导入

为什么在职场上，有些人总能"一针见血"地发现事情问题的所在，并快速给出好的解决方案，不用多次修改方案？以致于在每次合作组队时，都能收到很多同事的组团邀请，同时得到上级领导的青睐。

在职场上，专业能力很重要，但是能细致观察，敏锐捕捉到问题本质所在，并快速提出有效解决方案，会更能获取同事的认可和信任，也就是要有职场洞察力。

一、知识准备：职场洞察力的含义

职场洞察力是指一个人持着敏锐的眼光和嗅觉捕捉到内、外部环境变化，能快速明晰事物各要素之间的联系，并采取措施获取岗位目标的能力。职场洞察力强调对个体本身的自知力和对职场需求的感知力，能敏锐、快速地联系其中所涉及的各要素，判断事件的本质需求，从而把握机会和展现自我，在职场得心应手。

二、实践训练：自我测试

即将进入职场的你，是否具有良好的洞察力，可以把握住一切争取岗位的机会？让我们来测一测吧！

1. 你能在新开的购物商场内快速找到你需要购买产品的位置吗？（　　）
   A. 可以，我会借助商场的分布图查询
   B. 能找到，我会咨询商场工作人后查找，但是需要花费一些时间
   C. 可能能找到，我一般会一层层逛去寻找
   D. 完全不行

2. 右图（图10-1）中有多少个8?（　　）

　　A. 8　　　　B. 7　　　　C. 6　　　　D. 5

3. 酒店门口有一位客人拖着行李，频繁看手机并朝车辆开过来的方向望去，你觉得他可能在?（　　）

　　A. 等车搭他去动车站，且目前距离动车发车时间很近，非常焦急

　　B. 在等待一辆车搭他到下一个目的地

　　C. 他在看司机到达时间

　　D. 他只是习惯性看手机

4. 学校要竞选学生会干部，你的想法如何?（　　）

　　A. 我要积极报名参选，一定能找到自己能够胜任的职务

　　B. 我要报名参选，即使选不上也是一种锻炼

　　C. 学校有那么多人竞选，太难了，还是放弃吧

　　D. 这种事情与我无关，我不可能被选上，不去参加了

5. 你与他人交谈时，会根据对方的表情变化而转移话题。（　　）

　　A. 非常会　　B. 不太会　　C. 有点会　　D. 不会

6. 你能比较准确地判断出班级里哪些同学善于社交，哪些同学不善社交。（　　）

　　A. 非常准确　　B. 不太准确　　C. 有点准确　　D. 不准确

```
999999999999999999
999999999999999999
998999999999999989
999999999999899999
999989999999999999
999999999999998999
999999999999999999
999999989999999999
999999999999999998
```

图10-1　9中含8图

结果分析

以上问题，选A得4分，选B得3分，选C得2分，选D得1分。

平均分在3~4分，说明你的职场洞察力较强，能细致、敏锐地捕抓到环境的细微变化，善于分析环境各要素间的联系并能深入思考，透过现象把握到事情的本质。

平均分在1~2.9分，说明你的职场洞察力一般，对身边的细微变化不敏感，往往只能看到事件的表象，不善于分析事件各要素间的联系，缺乏深度思考。

知识
拓展

【案例故事】

小顾去一家国内知名的企业面试项目经理的职位，这是三轮面试中的最后一轮。小顾知道进入最后一轮的都是该岗位竞争者中的佼佼者，因此他十分重视，穿戴整齐，按时到达了面试地点。来到面试公司时，见到前台的秘书来接自己，小顾便对来人说："很开心可以再次见到您，陈女士，麻烦您带我去2号会议室面试!"陈女士说："不客气! 举手之劳，您请跟我这边走。"由于距离去会议室还有一段路，为避免过于安静的尴尬，小顾见陈女士今日的穿着十分有气质，便和陈女士攀谈起来："您今天穿的这套西装显得真有气质，与简约的珍珠耳环相配，简约大气。"陈女士听了也显得十分开心："谢谢，谢谢! 您今天的穿着也是十分大气稳重呢，看来是胸有成竹了，预祝您顺利通过，期待和您成为同事!"小顾说："谢谢您的祝福，我也期待和您成为同事!"……

小小交谈后，小顾便来到了一间空间不大却很整洁的会议室。在会议室里还有两位面试者，小顾和他们礼貌地打了招呼之后便靠边坐下。前两位面试者陆续去了1号会议室并在结束后离开，这时陈女士走过来说："请下一位面试者随我到1号会议室面试。"小顾听闻赶紧整理了一下衣领快速走去，快走到会议室门口时，小顾发现墙边有一个有点儿脏的纸巾团，有点强迫症的小顾觉得它和干净的会议室不是很和谐，便顺手捡了起来，可环顾会议室没见到垃圾桶，加之怕耽误面试，小顾只好将其放进口袋，随后前往面试地点。

虽然小顾有过面试经验并且已经过了两轮面试，但是第一次面试公司经理的岗位，小顾还是十分紧张。面试官让小顾说自己的竞争优势，小顾担心回答不理想，就先顺着岗位需求来说自己和岗位经验的话，慢慢地从面试官放松姿态听他讲话中，他觉得自己切入的方向是对的，并继续阐述了下去。介绍完，面试官冷冷地看着他说："你对我公司还有什么直接的建议，请用一句话说明。"小顾当时就一片空白，"这……就一条：会议室里有一个垃圾桶会更好"。面试官说："用什么证明你的建议是正确的？"小顾想起口袋中的纸巾团，就把它拿了出来："这就是证明。"面试官说："请打开纸团。"打开后，小顾发现纸团上面写着："恭喜你被我公司录用。"

读读想想：小顾为争取到心仪的岗位做了什么努力？他最终能被录用的原因是什么？

———— **拓展实践训练** ————

职场洞察力是集察言观色、信息分析、展现自我等基本素养的一种综合体现，需要长期的积累来获得。

1. 学会察言观色

察言观色，通俗点讲就是要有"眼力劲儿"，需要学会从细节入手。例如：学会观察他人的面部表情、外在衣着、言行举止等来预判对方的情绪或状态，甚至通过对环境的细微观察，作为你下一步行动的参考，以捕捉展现的机会。

2. 学会信息分析

信息分析是探究事件各要素间内在联系的重要方式，也是寻找问题本质的关键。它强调对信息的深度分析和有条理的梳理，寻找各信息点间的因果关系。在职场中，每个人呈现的性格特征、行为习惯，又或是市场变化、新闻资讯、客户购买行为及偏好等，这些都是你做出决策前的可参考信息。学会从身边人和事件中提取出关键信息点，并对其进行多方面剖析并且找出他们的连接关系，有助于我们发现机会，布局未来。例如分析出市场变化原因和客户购买偏好之间的连接关系，就有助于我们发现客户的真正需求，从而提供有效的服务，提高客户满意度。同时，能察觉他人的性格特征，选取恰当的沟通技巧和交往礼仪，这也会使你在人群中更显得体，获得他人青睐，间接获取展现的机会。

3. 洞察自我

职场洞察力除了要学会洞察外部环境，更要学会洞察自我。洞察自我即正确认识自我，把握自身优劣，借助外部机遇有的放矢、扬长避短地展现自我，在职场得心应手。

职场洞察力的提升是一个长期的过程，要求从刚入学的时候就要有职场洞察力的概念，然后在3年的学校生活中有意识地锻炼自己。本课训练主要以思考进行，当你遇到思考题中描述的事情时，你会怎么做？

（1）现在你正向客人展示生日宴会的策划方案，当你简述宴会场地的布置时，客户专心看着你的PPT，并比较悠闲地翘着二郎腿，脚部并有轻微的摇摆；当你讲述宴会中的游戏设计时，客户同样专心看着你的PPT，脚腿较为固定地翘着。你讲述完之后，顾客询问："还有吗？"这时你会怎么做？

（2）班长召集全班班干部一起开会讨论周末班级公益活动的事情，团支书提出班级活动可以去附近海滩清理垃圾，团支书刚说完，宣传委员便说："现在正值酷暑，外面气温每天都在35℃以上，提议去海滩，是想要把同学晒伤吗？"此话一出，团支书的脸都黑了。如果你是班长，你会怎么做？

（3）酒店前厅经理在早会上总结昨日前厅部各员工的表现，安妮目光看向经理，并面露微笑；琳达目光目视前方，面无表情。请你猜想一下安妮和琳达当时的想法。

（4）作为销售秘书，你负责销售总监日常行政接待工作。今天总监告诉你30分钟后要与A公司的销售总监洽谈合作事宜，并说到该总监十分喜欢我们公司的龙井茶，让你待会儿提前泡好龙井茶放在会议室。然后11点要与B公司的副总开会洽谈合作事宜，并叮嘱与B公司的会议很重要，让你务必记得提醒他。然而到了10：55，你发现总监还未与A公司的销售总监谈完，并且前台提醒你B公司的副总已到楼下，想起会前总监的叮嘱，你会怎么做？

三、自我测评与提升

1. 体验过程

以小组为单位，综合本课所学的职场洞察力内容，组内自行组织一场企业的模拟面试，每个组员轮流扮演面试者和面试官，在模拟面试中注意观察与你同"岗位"竞争者的表现，以及你扮演面试官时面试者的表现并记录下来（表10-1）。对比竞争者与自己、面试者之间的表现优点和缺点，选出你心中最有力的竞争者、最佳面试者及选其的原因，最后发表体会感言。通过学习对比，你有提升吗？

表 10-1　模拟面试情境记录表

模拟面试的主题：_____

面试场所：_____

小组成员：_____

面试岗位及需求	竞争者/面试者	优点	缺点	最佳及原因
感言				

2. 克服障碍

敏锐的职场洞察力有助于个体在求职或升职过程中正确认识自我，抓住提升机会。

在竞争激烈的职场，当机会来临时，我们就要准确、快速地把握机会并勇敢地表现自我以获取赏识。同时，具有敏锐的洞察力也有助于你在"人来人往"的环境中预判出同事甚至领导的需求，给人以高情商的印象。拥有高情商，在职场人际交往中也会更加得心应手。以此可见职场洞察力在增强自信、促进人际交往发展、提高职场竞争力等方面都具有重要作用。

如何提升职场洞察力，使自己保持敏锐的眼光和嗅觉捕捉到属于自己的机会，并有勇气积极去争取心仪的职位呢？请制订一个提升职场洞察力的行动计划（见表10-2），在计划中确定你的目标职位，通过一种技能（如唱歌、舞蹈、餐饮摆台、汽车维修等）的训练提升，使自己在未来该岗位的求职中得心应手。

表 10-2　提升职场洞察力行动计划表

行动计划	
目标职位	
行动目标	
行动方法	
行动安排	
行动保障	

微课11　读懂微表情
提升洞察力

抗压能力

患难困苦,是磨炼人格之最高学校。——梁启超

训练目标 通过自我行为检测、案例分析、增强抗压能力训练,掌握缓解压力的途径,并在抗压训练中增强自信、越挫越勇,提升自身的人格魅力,培养坚毅的品格,让自己在职场中处于逆境时也能从容应对、迎难而上。

情景导入

> 2019 年,疫情猛然来袭,疫情无情人有情,为了对抗疫情,保护我们的家人,出现了一批批最美"逆行者"——抗疫医护人员。在前路未知的情况下,是"逆行者"们一往无前,为国为民战斗在抗疫第一线。同学们,你们认为是什么让他们坚持下来了呢?

> 是心中大爱,是信仰,是无私的奉献精神。

> 还有因为他们勇敢、相信自己和大家可以携手战胜疫情,他们有强大的内心、强大的抗压能力和不怕困难、迎难而上的精神。

一、知识准备:抗压能力的含义

抗压能力是一种个体对逆境所引起的心理压力与负面情绪进行承受与调节的能力。它是心理承受力的一种重要表现,它包括能从失败中学习经验,从挑战中获取动力,对自己可以克服困难的肯定,以及脱离逆境调整至原状态甚至更强状态的能力。

二、实践训练:自我测试

(一)测试题目

刚进入职场的你会遇到怎样的选择呢?以下整理了一些选择题,大家一起来学习。

1. 如果你在企业实习阶段月考核不及格,这时你会怎么做?(　　)

　　A. 向部门主管请教,分析和查找原因,努力改进

  B. 向同事请教，弥补不足

  C. 自己思考摸索原因

  D. 自暴自弃

2. 如果意外地被撤销前厅领班职务，你的真实反应是什么？（ ）

  A. 仍能保持镇静，继续努力做好前台本职工作

  B. 内心稍微焦虑，觉得自己的能力和水平不足

  C. 慌乱紧张，不知道接下来自己该如何工作、进步

  D. 一筹莫展，从此消极堕落，工作都没有干劲

3. 如果主管经理让你放弃目前非常熟悉的工作，从头开始接受某个新的岗位工作，你会感到如何？（ ）

  A. 感到兴奋，满怀信心地去挑战新的机遇

  B. 稍微感到沮丧，但还是非常乐意去挑战新的任务

  C. 感到非常吃力，已经习惯目前的工作任务，很难再适应新的角色

  D. 直接放弃

4. 如果你在实习期间因为工作感到压力很大，你会如何调整心态？（ ）

  A. 下班时间去运动、听音乐、散步，彻底放松一下

  B. 学一个生活小技巧，丰富自己的生活技能

  C. 和老师或者朋友聊天，以寻求一些指引与安慰

  D. 整理宿舍，打游戏放松一下，再好好睡一觉

5. 在参加某次企业招聘面试时，面试官忙着整理手上的资料，叫你先坐下，但你发现面试室内没有空出的椅子，这时你会怎么做？（ ）

  A. 礼貌地说出现场没有多余的椅子，询问是否可以到外面搬椅子

  B. 直接到外面搬一张椅子进来，再坐下

  C. 直接提出室内没有多余椅子，无法坐下

  D. 紧张地一直站着，等面试官忙完再提出"没有椅子"的情况

6. 参加商务宴会时，刚好大家都在交换名片，但你今天忘记带名片了，这时你会怎么做？（ ）

  A. 当对方提出交换名片的请求时，发短信给对方留存自己的联系方式

  B. 在纸巾上面写下自己的联系方式，坦然递给对方

  C. 表明自己未带名片，婉拒对方交换名片的请求

  D. 避免与他人交流，避免交换名片的尴尬

7. 近期你工作积极勤奋，得到了领导的赞扬和赏识，但有些同事在背后说你是为了讨好领导假装勤奋的闲话，这时你会怎么做？（ ）

  A. 不理会同事的闲话，做好自己，用成绩证明自己

  B. 直接与同事争论，表明自己勤奋工作是在对自己和公司负责

  C. 在意同事的闲话，今后不那么勤奋工作

  D. 十分在意同事的闲话，对自己的工作产生怀疑

结果分析

以上问题，选A得4分，选B得3分，选C得2分，选D得1分。

平均分达3~4分的，说明你的抗压能力较强，能很好抵御住工作或生活中的压力，甚至将其转化动力，巧妙化解苦难。

平均分达1~2.9分，说明你的抗压能力弱，面对生活或工作中的困难时，容易选择逃避，甚至否定自我，无法释放压力。

知识拓展

【案例故事】

2022年2月8日，北京2022年冬奥会自由式滑雪女子大跳台决赛在北京首钢滑雪大跳台举行，谷爱凌代表中国进入决赛。本次决赛共有12名选手参加，谷爱凌的主要竞争对手有瑞士名将玛蒂尔德·格雷莫德和法国00后小将泰丝·勒德。格雷莫德当时世界排名第一；法国小将勒德在此前德国资格赛中表现出色，实力不容小觑，也被许人们视为夺冠的热门选手。

随着赛道上冰雪扬起，比赛开始。该项目共设置三轮比赛，最终取选手两轮最好成绩，总分排名第一的选手获得冠军。时间来到第一轮，发挥稳定的谷爱凌得到93.75分，暂列第二；勒德延续了此前火热状态，首跳便得到94.5分，暂时处于领先位置。第二轮，谷爱凌降低了动作难度，得到88.5分，被此次跳出93.25分的格雷莫德反超，下滑至第三；排名第一的德国选手勒德跳出93分，进一步扩大自己的领先优势。此时谷爱凌的总分与暂列第一的勒德相差5.25分，与暂列第二的格雷莫德相差0.25分。第三轮，面对连续跳出较高成绩的勒德带来的压力，退无可退的谷爱凌决定选择放手一搏，选择从未尝试过的"向左偏轴转体1620"，最终获得94.5的超高分。此前排在谷爱凌前面的勒德和格雷莫德第三跳出现失误，两人分别以总成绩187.5分和182.5分分列第二、第三。谷爱凌最终绝地反击，以188.25分的总成绩获得第一，谷爱凌最后一跳刷新了女子大跳台难度纪录的动作，同时代表中国拿下本项目的金牌。

赛后，谷爱凌在采访中说到："我在比赛里面的心态不是想赢别人，而是更想赢我自己。所以无论我做这个动作最后落（成功）还是不落（失败），我都会为自己感到骄傲，我挑战这个动作，就是想让全世界都能看到我心里的想法。"

读读想想： 谷爱凌在第二跳后落后勒德5.25分的紧迫情况下，除了高超的技术，是凭借什么实现绝地反击的？

拓展实践训练

当人们遭遇逆境时会产生心理压力与负面情绪，这些心理压力与负面情绪会使人们的心理失去平衡，调节得当能培养自信、坚毅和不畏艰辛、敢于挑战自我的品格，产生积极影响；反之，容易产生自我否定、堕落、逃避退缩等消极影响。人们所遇逆境主要有自然逆境和社会逆境两种。自然逆境的压力源是非人为的，如天生残疾、绝症、地震、海啸等。社会逆境的压力源是人为的，如学习不理想、任务失败、他人的质疑、封建的习俗、对手的诬陷等。人生不会事事如意，提升自身的抗压能力有利于我们从容面对职场挫折，将压力转化为动力，玩转职场。

如何承受及调节心理平衡，提高抗压能力？可以从以下几个方面入手。

1. 学会合理宣泄

当人处于逆境时会产生许多负面情绪，这种情绪是无法完全控制的，在合适的场合利用合理的方法进行宣泄，是一种能较好消除压力的方式，如向家人或朋友倾诉或大哭一场，通过写作或绘画进行宣泄，借助击打棉花或橡胶等柔软物进行宣泄等。适当的宣泄可以帮助我们缓解甚至消除负面情绪，以此提高抗压能力，恢复原来的状态。

2. 转移注意力

当遭遇挫折一时无法承受时，可以将注意力转移到其他事情上以暂时回避消极状态，如听音乐、运动、看电影或者做其他有意义的事情。转移注意力能令人有一个面对挫折的缓冲期，利用缓冲期分散负面情绪和压力至个体能承受的强度，循序渐进地提高抗压程度。

3. 利用逆向思维思考

利用逆向思维思考，即换一个角度看问题。当个体面对突然的挫折或困难时，往往容易用消极的态度面对，这时我们可以转换角度，利用积极的态度去看待挫折。失败时，不沉溺于失败的悲观，而是学会从失败中学习经验，为下次的成功筑牢地基。面临变化时，可以将压力变成动力，挑战自我，实现突破。例如，在职场中遇到领导突然将你从熟悉的岗位调至新岗位时，我们可以将此视为新的机遇和目标而非"荆棘的未来"，积极面对，敢于接受挑战，利用挫折的刺激去激发自身潜力，开创一番新天地。

4. 积极的心理暗示

当逆境降临时，人们容易放大逆境带来的消极影响，从而增强心理压力。此时我们可以进行积极的心理暗示，相信自己能行，自信地直面挫折并且战胜它，以达到增强抗压能力的效果。例如，当他人过度质疑你的能力时，可以正面分析自我和肯定自我，给予自己"我能行"的心理暗示，强化自我效能感，弱化逆境影响力，从而增强抗压能力。

积极的自我暗示句子如下。

(1) 天生我才必有用，千金散尽还复来。——李白《乐府·将进酒》

(2) 一个人最大的破产是绝望，最大的资产是希望。——（美）约翰.肯尼迪.图尔

(3) 先相信自己，然后别人才会相信你。——（法）罗曼·罗兰

(4) 人生的意志,不能受社会的压力而软弱,也不能受到自然的压力而萎缩,应当天天站得笔直的、轩昂的，但不是骄傲的。这就是我的人生。——彭相山

(5) 古之立大事者，不惟有超世之才，亦必有坚忍不拔之志。——苏轼《晁错论》

三、自我测评与提升

以个人为单位，列出自己在学习、工作甚至生活上遇到过的逆境或挫折，并记录逆境或挫折的内容，以及其对你带来的压力程度（即压力值），同时根据自身情况及所学的解压途径选择所需的解压方式并记录，实践后对挫折给你带来的压力程度进行打分。最后发表体会感言，个人逆境或挫折情况记录表见表11-1。通过体验对比实践前后压力承受强度，分析你的抗压能力是否增强。

表11-1 个人逆境或挫折情况记录表

项目	具体内容
你所遇到的逆境或 挫折的具体内容	
你采取了什么方式对待逆境	
实践前，逆境给你造成的压力值 （1~10分）	
实践后，逆境给你造成的压力值 （1~10分）	
感言	

微课12 跟过度压力说拜拜

规划能力

人无远虑，必有近忧。——《论语·卫灵公》

训练目标　通过自我行为测试、规划能力训练，懂得规划能力的含义，并选择一门或多门新开设的专业课，做好学习规划，然后在学习过程中及时记录计划完成的情况，训练自己的规划能力，能为自己未来的学习生活乃至职场发展做出规划。

情景导入

当我们看到那些校园学霸考取优异成绩时、职场精英获得骄人业绩时，我们会钦佩和羡慕。同学们，你们觉得他们为什么那么厉害？为什么能成功呢？

因为他们都很聪明、很勤奋，天生就是这块料！

他们之所以能成功，除了聪明、勤奋，更重要的是，他们懂得如何制订切实可行的计划，达到各阶段的目标或者人生的目标。

一、知识准备：规划能力的含义

规划就是制定比较全面长远的发展计划，是对未来整体性、长期性、基本性问题的思考和考量，设计未来整套行动的方案。能力是能胜任某项任务的主观条件、才能，通俗地说就是用什么方法，把什么事情做成什么样。规划能力强的人，对于自己的就业兴趣、就业方向有一个清晰的认知，择业时定位准确，有着循序渐进的职业规划，将短期目标和中期目标相结合。因此，规划能力就是一种统筹能力、安排能力及自我认知能力的综合。

二、实践训练：自我测试

（一）测试题目

从小到大，你可能制订了很多计划，你的计划目标都实现了吗？本书设计了以下题目，大家一起来学习如何正确规划，达成目标。

1. 进行规划时，首先目标要具体、明确。一个有效的好目标必须尽量具体，多一些关

于（ ）等的定语，执行起来心里就会越有底，结果也会越明确、清晰。（多选）

    A. 时间   B. 范围

    C. 地点   D. 程度

  2. 以下目标中，（ ）是具体的、明确的好目标。（多选题）

    A. 过上幸福的生活

    B. 年底之前考取茶艺中级工证书

    C. 实现财务自由

    D. 期末考试英语要考到70分以上

  3. 制定规划时，一个好的目标，应该是（ ）、可度量的，使目标更加具象、清晰。

    A. 大概的   B. 粗略的

    C. 可量化的   D. 简单的

  4. 设定目标时，切忌（ ），可以（ ），但更应该（ ），切合实际，而不是可望不可及的（ ）。（分别填入正确选项）

    A. 脚踏实地   B. 仰望星空

    C. 好高骛远   D. 海市蜃楼

  5. 在编制每日或每周乃至每月具体的行动计划时，你是否有问过自己以下这些问题？请选择（ ）。

    A. 对我来说，当前优先级别最高的是什么事情

    B. 对我来说，大方向是什么

    C. 这个行动计划和我的大目标相关吗

    D. 这个计划能帮我离最大目标更进一步吗

  6. 练一练，请参照以下例句，制订一个你近期的具有"时效性"的清晰、有效的好目标。

  例句："为提高我的写作水平和阅读量，今年我要重新开始看书，在年底前总计看完30本纸质书。具体来说，上半年至少看完14本，下半年至少看完16本。"

  你的近期小目标是：＿＿＿＿＿＿＿＿＿＿＿＿＿＿＿＿＿＿＿＿

＿＿＿＿＿＿＿＿＿＿＿＿＿＿＿＿＿＿＿＿＿＿＿＿＿＿＿＿＿＿＿＿＿

＿＿＿＿＿＿＿＿＿＿＿＿＿＿＿＿＿＿＿＿＿＿＿＿＿＿＿＿＿＿＿＿＿

（二）结果分析

参考答案

1. ABCD 2. BD 3. C 4. C-B-A-D 5. ABCD

以上自我测试涵盖了现代管理学之父彼得·德鲁克的有关目标管理SMART法则。进行规划，制订目标时，要充分考虑S（Specific，具体的、明确的）、M（Measurable，可量化的、可度量的）、A（Attainable，可达到的、可实现的）、R（Relevant，相关的、有关的）；T（Time-bound，有时效的、有时限的）。同学们，你学会了吗？好的规划首先从好

的目标开始！请相信，走得最慢的人，只要他不丧失目标，也比漫无目的地徘徊的人走得快！

知识
拓展

【案例故事】

在大学的第一节课上，教授向大家提出了一个言简意赅的问题："从大学毕业后，你们的人生目标是什么？"

"我要过上幸福的生活，做一个有爱的人。"

"老实说，我要挣很多的钱，努力实现财务自由，然后周游世界。"

"我希望为国家的乡村振兴事业做出贡献，第一步就是回到我的家乡，进入乡镇行政管理部门……"

教授听罢，微笑着点头："大家的人生目标都不错。不过呢，这几位同学的回答还不能算太好。不是说你们的人生目标不好，而是大家是否意识到——除了最后一位同学关于乡村振兴的目标相对具体，其他同学的回答都有些空泛了。"

读读想想：这位教授的话有道理吗？

> 思考一下，我们平时是怎样制订计划的呢？说说你心中的完美计划是什么样的。

———— **拓展实践训练** ————

（1）选择最近对自己很重要的一项目标，试着用SMART原则对其进行优化。

（2）选择一门新开设的专业课，做好学习规划，然后在学习过程中及时记录计划完成的情况，训练自己的规划能力。

三、自我测评及提升

请按照下表（表12-1）中目标管理"SMART"法则的评分项，对自己近期制定的最重要的一个目标，进行自我测评，自我检验规划能力提升情况。

表 12-1　规划能力自我测评表

目标（请完整陈述）：					
评价（分值）	弱（1）	较弱（2）	一般（3）	较强（4）	强（5）
S：具体、明确的					
M：可量化、度量的					
A：可达到、实现的					
R：相关、有关的；					
T：有时效、时限的					
合计					
总分（等级）					

　　记分方法：选"强"得5分，选"较强"得4分，选"一般"得3分，选"较弱"得2分，选"弱"得1分；等级：5~13分为"C"等，规划能力提升不明显；14~19分为"B"等，规划能力明显提升；20~25分为"A"等，规划能力显著提升。

微课13　规划能力

执 行 力

没有执行力，就没有竞争力。——企业名言

训练目标 通过自我行为测试、执行能力训练，找到问题，及时修正，提高自己的执行力，努力把规划变成现实。

情景导入

东汉时期，有一个叫孙敬的年轻人好学习，晨夕不休，以绳系头，悬屋梁；战国时期，有一个叫苏秦的年轻人，夜里读书困倦的时候，他就用锥子扎自己的大腿防止瞌睡。后人把这两则典故合成"悬梁刺股"这则成语。孙敬最终成为当时有名的太学生，苏秦促成历史上有名的"六国合纵抗秦"，被封为赵国的武安君。同学们，想一想，是什么让他们最终实现自己的人生愿望呢？

他们都有人生奋斗的目标，也很勤奋刻苦。

他们之所以能实现自己的人生愿望，除了目标明确、肯吃苦、肯努力，更重要的是，他们都有超强的执行力。

一、知识准备：执行力的含义

执行力是指贯彻战略意图，完成预定目标的操作能力。在管理学领域，执行力有两种意义，一是完成某种困难的事情或变革；二是与"规划"相对应，是对规划的实施。执行力包含完成任务的意愿、完成任务的能力、完成任务的程度。本课的执行力是指个人执行力，即一个人获取结果的行动能力。

二、实践训练：自我测试

（一）测试题目

对于即将踏入职场的你，你想知道自己的执行力有多强吗？一起来完成下面的小测试吧！虽然都是学习、工作和生活中的一些小习惯，但能深刻反映你的执行力的强弱程度。

1. 老师交给你一项工作任务时，你能否在规定的时间内完成呢?（　　）

    A. 几乎无法完成　　　　　　B. 大多数会如期完成

    C. 一定会如期完成

2. 你曾经以"这不是我的职责范围内的事"等理由来逃避过工作任务吗?（　　）

    A. 至少3次以上　　　　　　B. 仅有过一两次

    C. 从来没有过

3. 当你正抓紧时间安排你手头上的任务或学习时，突然有同学来找你帮忙，而你的时间也很紧迫，这时你会怎么做?（　　）

    A. 放下手头上的事来帮同学的忙

    B. 找一个借口推辞

    C. 先说明原因，再拒绝，然后完成自己的工作

4. 当你接受一项新的学习任务或工作时，你习惯怎么做?（　　）

    A. 先放着，等会再做

    B. 立即着手去做

    C. 先弄清楚预期的目标和交付的时间，再着手去做

5. 当你在超市买东西，正准备结账时，老师刚好打电话过来让你立刻回学校一趟，这时你会怎么做?（　　）

    A. 结完账后再去

    B. 结完账，匆匆赶回学校

    C. 放下东西，立即赶回学校

6. 一天上午，老师要你去学校文印室代为打印一份复习大纲，说下午上课发给同学们，明天要进行模拟考试，这时你会怎么做?（　　）

    A. 中午才去打印

    B. 立即去打印，然后呈交给老师

    C. 大致浏览一下，确认无误后立即打印

7. 某天，你和班长一起去校学生会开会，即将轮到班长发言时，你发现演讲稿似乎少了一句，这时你会怎么做?（　　）

    A. 觉得其实多一句少一句都无所谓

    B. 和班长说一声，让他自己拿主意

    C. 用笔写上去，并通知班长知道

8. 当老师问你任务完成情况时，你通常会怎么回答?（　　）

    A. 应该能在规定时间内完成，您放心

    B. 已经顺利完成2/3了

    C. 目前完成2/3了，明天下午6点前全部完成

9. 身为团队的负责人，当团队成员意见发生分歧时，你会怎么做?（　　）

    A. 不闻不问

    B. 责怪团员

　　C. 找出原因，进行调解

10. 有一次，班级参加学校组织的比赛，训练时每个人都发挥得很出色，但班级集体出赛时却成绩平平。这种情况说明了什么？（　　　）

　　A. 评估方法不得当

　　B. 每个班级的选手都很优秀

　　C. 我们班级团队合作不协调

（二）结果分析

积分规则：选A得1分；选B得2分；选C得3分。

积分10~17分，执行力较弱——你的执行力比较弱，学习工作质量也比较差，如果你想获得成功，可能需要付出更大的努力。当你执行一项计划或任务时，不要让你的懒惰和理所当然冲昏了头脑。

积分18~24分，执行力普通——你有一定的执行力，却少了几分热情。但这不是你获得成功的大碍，只要行事稍加注意，多点儿细心和耐心，多加强自己的责任心，从一开始就抱有执行到底的心态，就一定能增加执行成功的机会。

积分25~30分，执行力较强——你的执行力很强，只要有心，从小处做起，从细节出发，注意创新与细节的执行，坚持不懈地努力，就能顺利地执行到底，你的工作和学习一定会达到你理想的状态。

知识拓展

案例故事

谷爱凌，作为一名斜杠青年，天才少女、斯坦福学霸、时尚模特、自由式滑雪世锦赛冠军……她身上一连串的标签都让人震撼。她从3岁就开始踏足雪场，从9岁开始便取得一系列成绩，几十枚冠军奖章就被挂在家中的玄关处。除了滑雪，她的体操、瑜伽、骑马、足球、攀岩、射箭也是样样拿得出手。除了运动，她还会钢琴、芭蕾、声乐等才艺。要知道，很多专业运动员是在牺牲学业的前提下取得的成绩，但是谷爱凌却做到了训练和学习两不误，抓紧一切时间学习，不仅提前一年高中毕业，在美国高考（Scholastic Assessment Test，SAT）更是取得了只比满分差20分的优异成绩，被斯坦福大学录取。

她的成功首先离不开家庭，尤其是她妈妈给予她的关爱、支持与指导，其次是自己的执着与聪明，最后是她超出常人的执行力。几年前她就定下了参加冬奥会的目标，并且想赢得这场胜利。为此，虽然经历了很多伤病，但她不退缩、不放弃、做任何一件事情时投入百分百的专注；为保障学校和训练场间的无缝切换，"从家到太浩湖的雪场有4小时车程，她学会了在车上写作业，在车上睡觉，在车上换衣服，在车上吃饭。"这些成功推进了她的胜利。

读读想想： 谷爱凌的成功模式是明确的人生规划，加上超强的执行力，推动自己实现人生愿望！

> 桃子再甜，也得有人去摘；土地再肥，也得有人去耕；计划再好，也得有人去干。反思一下，我们平时做好规划后，是否真正贯彻执行了呢？

拓展学习

桥水基金创始人瑞·达利欧在其现象级畅销书《原则》中提出五步法，用五步流程实现人生愿望。

第一步：有明确的目标。

第二步：找到阻碍你实现这些目标的问题，并且不容忍问题。

第三步：准确诊断问题，找到问题的根源。

第四步：规划可以解决问题的方案。

第五步：做一切必要的事来践行这些方案，实现成果。

拓展实践训练

1. 让我们从日常学习中的小事做起，训练自己的执行力。

（1）执行"做笔记"。

（2）执行"自学"。

（3）执行"专注力提升"。

（4）执行"时间与精力管理"。

……

2. 从你的近期规划中，选择一个优先级的"目标"，在指定时间内执行完成。

友情提醒 ━━━━━━━━━━━━━━━━━━━━

（1）自律、自律、再自律。制订好了计划，就坚决、专注地执行。半路荒废和懈怠就是自欺欺人。制订好的计划，不要再随意更改。

（2）执行计划时，不要只顾往前冲，每隔一段时间就要做一次阶段性复盘，及时了解进度、总结经验，为之后更高效地执行做好准备。

（3）如果担心定力和意志不够坚强，不妨请自己最信任的人（父母、师长或者好友）监督你完成五步法中的各步骤，直到成功实现目标。

三、自我测评及提升 ━━━━━━━━━━━━━━━

请以第十二课进行自我测评的"目标"，为本课自我测评的"对象"，参照执行力自我测评表（表13-1），做一次阶段性复盘，检测自己的执行力，并总结经验，以达到更高效的执行。

表 13-1 执行力自我测评表

"目标"现阶段完成情况(请详细陈述)：		
等级	行为表现	评价
I级	完成质量不高(<60%)，且有懒惰的情绪，延误的情况时常发生，现考虑调整短期计划目标和进度，以期最终能基本完成总目标	执行力较弱
II级	完成质量较好(60%～80%)，当遇到问题时，会产生松懈的心理，但调整心态后尚能继续坚持，并创造条件，较好地保障目标完成的进度	执行力普通
III级	高效完成(80%～100%)，能够严格按照目标规划，排除一切困难，认真执行、步步推进，保质保量完成各阶段目标，有效保障总目标的实现	执行力较高
我的执行力属于( )级		

微课14 执行力

创新意识

创新是人类进化的源泉和动力。——佚名

训练目标 通过案例学习、头脑风暴和创意制作的训练培养逆向思维、发散思维、跨界思维、突破思维，激励发挥自身的潜能。

情景导入

篮球运动刚刚诞生的时候，篮板上钉着的是真正的篮子，每次投球后都需要由专人来取下篮球，为此，比赛常常要中断。发明家甚至发明了一种新的装备，在下面一拉就能把球弹出来。

哇，他们把篮子筐底去掉不就行了吗？

是的，一位跟着爸爸去观赛的小朋友提出去掉篮子筐底的建议。就是这么一个简单的问题，困扰了人们多年，跳脱固有的思维去考虑问题，是创新的第一步。

一、知识准备：创新意识的含义

创新是在已有的知识、经验的基础上，用新的思路、方法、路径，创造性、科学性地处理并解决问题，满足个体、他人或社会的发展和需求。创新意识是唤醒、激励和发挥人所蕴含潜能的重要精神力量。

二、实践训练：自我测试

（一）创新意识指数测试题

1. 在周末的晚上，不用学习或工作，你会怎么做？（   ）
   A. 邀请几个朋友一块看电影
   B. 独自在家看电视
   C. 独自到林荫路散步，或到商店购买物品
2. 上次你改变发型是在什么时候？（   ）
   A. 5年前
   B. 从未连续两天梳同样的发型
   C. 6个月前

3. 在餐馆进食时，你会怎么做？（　　）

   A. 常点同样的喜欢的菜，也会尝试其他菜

   B. 如果有一人说好吃，就会尝试　　　C. 常点不同的菜

4. 你和家人刚旅行回来，旅途中经常下雨，朋友问你旅行的情况，你会怎么做？（　　）

   A. 觉得虽不是理想的旅行，但还过得去

   B. 抱怨天气和旅行的不快　　　　　　C. 描述可怕的旅行时也提到景色的美妙

5. 你的学校为学生提供勤工俭学的机会，你会怎么做？（　　）

   A. 立即登记　　　　　　　　　　　　B. 知道参加的意义，但可能无法参加

   C. 根本不考虑登记

6. 你和约会者吃完午餐，对方问你做什么，你会怎么说？（　　）

   A. 说"随便"　　　　　　　　　　　　B. 说"如果你也喜欢，我们看电影吧"

   C. 提议到新开的俱乐部去

7. 在舞会上，他人向你介绍一位聪明的小伙子或姑娘，你会怎么做？（　　）

   A. 谨慎交谈，话题一直是天气、电影　　B. 将你的故事告诉对方

   C. 将你上周听到的笑话讲给对方，并问对方是否想跳舞

8. 给你提供一个机会，作为交换生到其他学校学习一个学期，由于时间紧迫，你会怎么做？（　　）

   A. 要求一周的考虑时间　　　　　　　B. 立即准备行装

   C. 根本不考虑，推掉这个安排

9. 你的朋友将他写的关于自由的文章给你看，你不同意他的观点，你会怎么做？（　　）

   A. 假装同意　　　　　　　　　　　　B. 将你的观点告诉他

   C. 改变话题，不谈论这个问题

10. 你到鞋店本想买一双简朴实用的鞋，结果你会怎么做？（　　）

   A. 买了你想要的　　　　　　　　　　B. 买了一双别的鞋，既不简朴又不实用

   C. 买了一双特别流行的鞋，但只能明年穿

（二）结果分析

参考答案计分规则见表14-1所列。

表14-1　创新意识计分规则

题号	1	2	3	4	5	6	7	8	9	10
A	1	3	3	2	1	3	2	2	3	3
B	3	1	2	3	2	2	3	1	1	1
C	2	2	1	1	3	1	1	3	2	2

最后统计你的得分，了解你的创新意识现状。

24～30分，缺乏创新意识，性格较沉闷。

17～23分，具备一些创新意识，但尚需尝试一些没有做过的事情。

10～16分，创新意识较强，具有乐观、开朗的态度，能感染其他人。

知识
拓展

【案例故事1】

美国宣传奇才哈利15岁时在一家马戏团做工，负责在马戏场内叫卖小食品和饮料。但每次观众都不多，买东西吃的人就更少，尤其是饮料。

有一天，哈利提出了一个想法：向每个买票的人赠送一包花生，借以吸引观众。老板不同意这个荒唐的想法，认为不划算。哈利用自己微薄的工资作为担保，恳请老板让他试一试。于是，马戏团演出场地外多了一个声音："来看马戏，买一张票送一包好吃的花生！"在哈利不停地叫喊声中，观众比往常多了几倍。

观众进场后，哈利就开始叫卖起饮料。绝大多数观众在吃完花生后觉得口干时都会买上一杯饮料，一场马戏下来，营业额比以往增加了十几倍。

读读想想：哈利的故事，对我们有什么启示？

【案例故事2】

有一个鞋厂老板，由于国内市场饱和，想到海外开拓市场。老板找来两个销售经理，指示他们开拓非洲市场。

A经理一听，坚决反对："非洲没有人穿鞋，即便生产出鞋，也不会有人买！"B经理非常高兴："非洲没有人穿鞋，市场巨大，亟待开发。请老板立刻投入资金，建立工厂开拓市场，设计并制作适合当地人穿的鞋！"

老板坚信B经理的想法是正确的，经过调研在非洲投资建厂，结果这个鞋厂在非洲的营业额大幅增加。

读读想想：头脑不是一个要被填满的容器，而是一支需要被点燃的火把。同样的事物，不同的看法，换一个角度、换一个思路处理问题，结果完全不同。

拓展实践训练

创新思维训练的方法如下。

（一）头脑风暴训练

1. 思维流畅训练

（1）1分钟内，尽可能多地写出答案是18的完整算式。

（2）1分钟内，尽可能多地写出带有"花"字的成语。

（3）1分钟内，在"人"字的基础上，你能写出几个字？

2. 发散思维和集中思维训练

（1）写出下列物品的十种用途。

① 玫瑰花。

② 水杯。

③ 葡萄酒。

（2）看看他（见图14-1）在想什么？（说出10种状态）

图14-1　人脸图

3．思维灵活性训练

利用下面的数字通过四则运算分别求得数字24，每个数字只能用一次。（0.5分钟/题）

（1）3　3　3　3

（2）4　4　4　4

（3）5　5　5　5

（二）创意制作训练

（1）以西红柿和鸡蛋为原料，制作五种菜式。

（2）用餐巾折叠十种小动物。

三、自我测评与提升

1．课程体验感受

以小组为单位，从学习习惯、生活细节、管理意识等各方面综合评估，推选出每组最有创新意识的一位学生。请这些学生说说自己在创新意识方面的体验和感受，了解并学习他们在学习和生活中思考问题和处理问题的方式方法。

2．做一做

给你一盒火柴、一盒钉子、一把锤子，把燃烧的蜡烛固定在墙上，你会怎么做？

3．克服障碍

创新意识主要由四个部分组成，即逆向思维、发散思维、跨界思维、突破思维，通过学习本课，你觉得自己在创新意识能力方面最欠缺的是哪个模块呢？你将通过什么方式加强训练呢？根据个人情况制订一个创新意识提升行动计划表（表14-2）。

表 14-2　提升创新意识行动计划表

创新意识欠缺模块及行动计划	
欠缺模块	
行动目标	
行动方法	
行动安排	
行动保障	

能否把问题快速并正确地解决，在于你是否能转变思路。

微课15　不破不立　晓喻新生

文化素养

智慧是知识凝结的宝石，文化是智慧放出的异彩。——谚语

训练目标 培养学生的文化素养，是开启想象力和创造力的重要一步。通过阅读名著、朗诵诗歌、书法练习等途径开阔眼界、转变思维，让灵魂得到洗涤，思想得到升华，阅历更加丰富，明白更多道理，培养良好的行为和得体的谈吐。

情景导入

看到一排大雁飞过，你想说什么？

好多大雁啊，好美啊！

落霞与孤鹜齐飞，秋水共长天一色。万里人南去，三春雁北飞……

一、知识准备：文化素养的含义

文化素养是指一个人在学习了历史、地理、艺术、科技、社会学等方面的知识后，通过自己的语言、文字、动作和气质体现出来的一种素质和修养，并形成以文化的根本思维和具体方法来指导生活方式、行为习惯、工作方法的文化自觉。文化素养分为两个层面，一是对文化的理解，即多读书、多思考；二是对待事物的心态，即学以致用，将自己所学的知识运用在实际生活中，在一定的知识基础上，有独立学习、自主思考解决问题的能力。

二、实践训练：自我测试

1. 楚庄王曾"问鼎中原"，项羽力能扛鼎，那么鼎在古代，最初的用途是什么呢？（　）

　　A. 祭祀用的礼器　　B. 地位象征　　C. 烹煮器具

答案：C

鼎本意是古代的一种煮食物的器具。《仪礼·士冠礼》中记载："若杀，则特豚，载合升，离肺实于鼎。"后来，鼎也被用作祭祀的神器和地位的象征。

2. "可怜天下父母心"这句话是谁说的？（　　　）

  A. 慈禧太后   B. 鲁迅   C. 孔子

答案：A

出自《祝母寿诗》："世间爹妈情最真，泪血溶入儿女身。殚竭心力终为子，可怜天下父母心。"该诗是慈禧太后为母亲富察氏所作的一首诗。

3. 木版年画发源于四大名镇中的哪个名镇？（　　　）

  A. 汉口镇   B. 景德镇   C. 朱仙镇   D. 佛山镇

答案：C

朱仙镇是中国木版年画的鼻祖，木版年画用色讲究，色彩浑厚鲜艳，久不褪色，以传统技法构图，情景人物安排巧妙，表现出均匀对称的美感。

4. 假如重力突然消失，下列情况仍然存在的是（　　　）。

  A. 万马奔腾 B. 川流不息 C. 五光十色 D. 缺斤短两

答案：C

假如重力突然消失，物体就会飘浮在空中，不会有万马奔腾、川流不息；没有重力，秤也不能使用，所以也就没有缺斤短两；只有光的传播与重力无关，所以C项符合题意。

知识拓展

【案例故事1】

  有人问农夫："种了麦子了吗？"农夫说："没有，我担心天不下雨。"那人又问："那你种棉花了吗？"农夫说："没有，我担心虫子吃了棉花。"那人再问："那你种了什么？"农夫说："我什么也没种，我要确保安全。"

  读读想想：顾虑太多，思虑太多，就会导致束手束脚，一事无成。

【案例故事2】

  道长有一个爱抱怨的弟子。一天，道长将一把盐放入一杯水中让弟子喝。

  弟子说："咸得发苦。"

  道长又把更多的盐撒进湖里，让弟子再尝湖水。

  弟子喝后说："纯净甜美。"

  道长说："生命中的痛苦是盐，它的咸淡取决于盛它的容器。"

  读读想想：常抱怨世界的人，不是世界太糟糕，而是你的心胸太狭小。

【案例故事3】

  一个青年向道士求教："师傅，有人说我是天才，也有人骂我是笨蛋，依你看呢？"

  "你是如何看待自己的？"道士反问，青年一脸茫然。

　　"譬如1斤（1斤=0.5千克）米，在饼家眼中是烧饼，在酒商眼中是酒，在乞丐眼中就是救命的一顿饭。"

　　米还是那米。

　　青年豁然开朗。

　　读读想想：你看待自己的方式决定了自己的价值。

三、文化素养的训练方法

（一）书写

　　"中国文字有三美，意美以感心，音美以感耳，形美以感目。"

　　汉字是中国文化的符号之一，背后蕴藏着巨大的文化宝藏。通过写字，我们可以感受、了解和传承传统文化。

微课16　文化素养

　　从写字初期开始，保持正确的坐姿及执笔姿势（图15-1），能帮助我们逐步养成良好的书写习惯和仪态。

食指的指肚　　食指的末端关节　　中指的第一关节　　大拇指的指肚

图15-1　执笔正确姿势

　　从汉字、成语和诗词情境中写字，帮助孩子在书写中认识历史、学到智慧，引领孩子探索中国文化的奥秘。月字意境如图15-2所示。

yuè

月

图15-2　月字意境图

（二）读诗

文学素养的培养是一个漫长的过程，需要引导，"腹有诗书气自华""读书是最好的美容"，从古诗中进行情境溯源，激发我们对美的感受，诗歌是培养文学素养的切入点。惠崇春江晚景二首鸭戏图如图15-3所示。

图15-3　惠崇春江景二首鸭戏图

"生活不只是眼前的苟且，还有诗和远方。"尤其是古诗具有独特的魅力，能够在表达情感的同时，表达对人生"未来"的期盼与希望。

"诗歌"的世界是一个独立的世界。对于万事万物的描摹、深化、思考，基本能在古诗词中找到范本。诗人常常会用"柳"来代表伤感、离别；用"松"来代表坚挺、傲岸与坚强；用"梅花"来代表不屈不挠；用"兰"来代表君子；用"红豆"来比喻情感；每个字、词的背后都有丰富而美好的情绪，这是一种奇妙的体验。

共同学习读诗的小技巧如下。

1. 多读诗

把读诗变成一种习惯。多读诗，能够培养我们的语言韵律感、节奏感、想象力，使我们自然而然会生出一种气质，这就是我们期待中的文学素养，包含着对自然万物的敬畏之心、对人生百态的审美观察。

诵读经典诗词的孩子多少都会受到经典诗词潜移默化的影响，心性向善、向上，对孩子的眼界、胸怀、志气、品格修养都大有帮助。

2. 选择合适自己年龄的诗

写景的诗，如"两个黄鹂鸣翠柳""日照香炉生紫烟""朝辞白帝彩云间"，等等，这种景色能让我们感受到美学的熏陶。

由景（图15-4）入情的诗，如《游子吟》中的母爱就非常适合孩子读，能培养孩子的孝心。

由情入理的诗，同样是写庐山，李白的

图15-4　《游子吟》意境图

"日照香炉生紫烟"和苏轼的"横看成岭侧成峰"哪个先读？应该是李白的先读，先让孩子接受美的教育，然后跟他讲"当局者迷"的道理，这就顺理成章。

3. 营造适合读诗的氛围场景

在一个阳光明媚的早晨，一家人吃完早餐，微风带来花草的芳香，泡一壶茶，读一首诗，这样的场景多么美好啊！我们既能理解诗中的内容，又感慨诗中蕴藏的美感，自然而然地背下，这才是良性的学习过程。

（三）阅读名著

从接触诗歌，到接触经典名著，每部作品都是有深度、有价值的艺术作品，有特定历史时期的烙印，是我们了解世界、拥抱生活的重要阅读资源。

文学素养就是在一首首古诗、一本本经典的文学作品的阅读过程中陶冶起来的。在阅读中积淀文学知识、拓展思维、开创想象，在思维的感知中提高文学鉴赏能力。

每天早上读一首诗，每天练一篇字，每月阅读一本书，慢慢积累沉淀，不断提升自己的文化素养。

四、自我测评与提升

1. 课程体验感受

以小组为单位，推选出每组最具文化素养的一位学生。请这些学生说说自己在文化素养方面学习和提升的经验，了解并学习他们在学习和生活中提升文化素养的方式方法。

2. 克服障碍

中职生的文化素养主要由文化知识和专业知识两个部分组成，通过学习本课，你觉得自己在文化素养方面最欠缺的是哪个模块呢？你将通过什么方式加强训练呢？根据个人情况制订一个文化素养提升行动计划（表15-1）。

表15-1　文化素养提升行动计划

文化素养欠缺模块及行动计划	
欠缺模块	
行动目标	
行动方法	
行动安排	
行动保障	

自学能力

理无专在，而学无止境也。——清·刘开《问说》

训练目标 通过自我测试、案例分析、观摩训练、创研训练、总结训练、自律训练，强化自己的观察能力、研究能力、沟通能力、创新能力，让自己能够解决职业成长过程中遇到的各种难题，成为企业的骨干力量。

情景导入

仔细观察身边的同龄人，你会发现下面的对话场景非常熟悉。

> 有几个学生是酒店专业同一个班级毕业的，毕业的时候他们的成绩都一样，但是毕业几年之后，有的学生依旧是餐厅服务员，有的学生则成为客房部的主管，有的学生成为大堂经理，甚至有的学生成为酒店总经理，其中的差异为什么这么大？同学们觉得是什么原因呢？

> 因为他们各方面的能力一直在成长。

> 因为他们都具备良好的学习素养，在工作中懂得观察别人的行为、活动、方法等，在实践后懂得及时总结自己的不足，在闲暇时能够利用书籍、网络提升自己的专业知识、管理能力，所以才会不断成长。

一、知识准备：自学能力的含义

自学能力是指在没有教师和其他人帮助的情况下自我学习的能力，它是一个人最优秀的品质。随着社会的发展，各行各业的知识更新换代很快，每个人都需要具备较好的自学能力，只有这样才能不会被社会的发展所淘汰。

自学能力是一个人成长快慢的决定性因素，有的人的自我管理能力不强，没有树立长远目标，不能养成自主学习的习惯，那么他永远只会停留在原地，而那些懂得自主学习又能严格自律的学生，在生活中总能找到适合自己的学习方式，如通过书籍、网络、观察实践、总结提升等。

二、实践训练：自我测试

（一）测试题目

你的自学能力如何？以下整理了一套学习能力测试题，让我们一起来评一评吧！

1. 喜欢看报纸、杂志，而不管是否看得懂。（　　）
   A. 经常　　　　B. 偶尔　　　　C. 从不

2. 喜欢自己观察某一种事物。（　　）
   A. 经常　　　　B. 偶尔　　　　C. 从不

3. 对新鲜事物表现出兴奋。（　　）
   A. 经常　　　　B. 偶尔　　　　C. 从不

4. 善于模仿他人的各种动作和表情。（　　）
   A. 经常　　　　B. 偶尔　　　　C. 从不

5. 听故事的时候会自主设想接下来的情节。（　　）
   A. 经常　　　　B. 偶尔　　　　C. 从不

6. 能准确判断自己能干些什么或不能干些什么。（　　）
   A. 经常　　　　B. 偶尔　　　　C. 从不

7. 会通过书籍、网络等方式自己查找问题的解决办法。（　　）
   A. 经常　　　　B. 偶尔　　　　C. 从不

8. 会根据物品使用说明书自己找到正确的使用、组装、维修方法。（　　）
   A. 经常　　　　B. 偶尔　　　　C. 从不

9. 会自觉关心、查看社会上发生的热点事件。（　　）
   A. 经常　　　　B. 偶尔　　　　C. 从不

10. 身边同学出现身体、心理异常的时候自己能够及时察觉。（　　）
    A. 经常　　　　B. 偶尔　　　　C. 从不

（二）结果分析

以上自我测试涵盖了日常生活中广泛阅读、仔细观察、有效模仿、探索未知、主动创新等自学能力，每道测试题10分，分数越高代表你的自学能力越强。

知识拓展

【案例故事1】

毛泽东是我们的开国领袖，他是伟大的政治家、思想家、哲学家、军事家、书法家和诗人，无论是少年时期还是青年时期，无论是在日常生活中还是在艰苦的战争年代，无论什么时期，他都如饥似渴地读书学习。以下选取他少年时期的一个小片段，和同学们一同分享。

毛泽东14岁那年，被父亲强行退学了，他非常想上学，但还是不得不听从父亲的安排。他想：上学不上学，不是自己能决定的事情，但是学习与不学习却是由自己掌握的。他常常趁父母下地干农活的机会，跑到山坡上人们不易发现的地方看书，一看就是一整天。时间一长，父亲有所察觉，便在后面跟踪他，正在专心读书的他被父亲逮了个正着。他不仅被父亲狠狠地骂了一顿，还挨了一通打，父亲还责令他在半天内挑15趟粪肥。完成父亲交给的劳动任务后，他再次"失踪"了，父亲找到他时，见他又在聚精会神地读书。

职场启示：毛泽东的成功，取决于他的远大抱负、勤奋学习的精神和成功的心态。作为一个职场人，不用说你希望提职加薪，就是你想正常完成工作任务，都必须不断充实新知识，不断提高业务技能。你的同事或竞争对手在拼命学习，你不学习，你就有可能被淘汰，面对日新月异的科技，你就会落伍。因此，我们必须保持一颗自主学习、终身学习的心，这样才能在职场上斩获丰硕的成果。

【案例故事2】

小黄长得帅气，而且细心，与他相处会让人感到很舒服。他的学历不高，高中毕业后就参加工作，一直待在现在的物业公司，是负责对接各项目的主任，属于偏向文职类的工作。他的工资不高，到手还不到5000元，这个工资在深圳来说很低。他平时在公司食堂就餐，每个月300元，可供三餐，花销很低，另外每天回惠州家里住，下班后从深圳北站直接乘坐高铁到惠州，交通费很低，上下班时间也短。因此，他的工资除了还房贷和支付交通费，很少有其他的开销，首先节流方面控制得较好。公司比较重视学历，尤其是升职加薪必须有学历支撑，于是小黄开始了成人大专、成人本科的学习，今年终于拿到了本科证书。下半年公司有重大的内部变革，小黄趁着这波变动升职为部门经理。在他身上我们看到了一个优秀的自律者的逆袭，他虽然起点较低，但是知道自己要什么，并且敢于去努力奋斗，为职场正能量范本。

职场启示：①坚定目标并为之付出努力，小黄的学历低，于是这些年一边工作一边学习，最终拿下了本科文凭。②自律自省，将超出预算外的开销和无谓的享乐统统放一边，倒不是执行苦行僧的生活，只是知道多余的享受并不适合当前的自己。③为人谦卑、与人为善，这是小黄身上尤为闪光的点，每个跟他相处过的人都惊叹于他的品性，很稳很安全。

读读想想：自学能力是职场生存的必备素养，应当从哪几个方面加强呢？

------- **拓展实践训练** -------

一、阅读训练

养成良好阅读习惯的训练方法如下。

（1）坚持每天抽出30分钟的时间阅读书籍。

（2）坚持每个月读完一本名著。

（3）坚持通过网络关注国家热点信息。

（4）对于阅读中遇到的问题及时进行标注并找寻答案。

二、观察训练

1. 找不同

找出以下两张图片（图16-1）的不同之处。

　　　　　　　（a）　　　　　　　　　　　　　　　（b）

图16-1　找不同

2. 你画我猜小游戏

游戏规则如下。

（1）每5人一组，共5组，每组15道题目，5分钟内，猜对题目最多组获胜。

（2）每组随机选择一组题目。第一个人面向屏幕，其他人背向屏幕。作画者依次看题目，依次画图示例如图16-2所示，其他同学猜图，不能画出或者猜出的题目可以选择跳过。

图16-2　你画我猜示例

（3）画图者只能通过画图来表示猜测的题目，不能用肢体和语言作答，不能用文字作答。

（4）可选题目如下。

题组一：画饼充饥、虎头蛇尾、泪流满面、捧腹大笑、画蛇添足、一手遮天、羊入虎口、掩耳盗铃、行尸走肉、金蝉脱壳、百里挑一、金玉满堂、背水一战、霸王别姬、天上人间。

题组二：不吐不快、海阔天空、情非得已、满腹经纶、兵临城下、春暖花开、插翅难逃、黄道吉日、天下无双、偷天换日、两小无猜、卧虎藏龙、珠光宝气、簪缨世族、花花公子。

题组三：生财有道、极乐世界、情不自禁、愚公移山、魑魅魍魉、龙生九子、精卫填海、海市蜃楼、高山流水、一擎天柱、卧薪尝胆、壮志凌云、金枝玉叶、四海一家、窈窕淑女。

题组四：穿针引线、无忧无虑、无地自容、三位一体、落叶归根、相见恨晚、惊天动地、滔滔不绝、相濡以沫、长生不死、原来如此、女娲补天、三皇五帝、万箭穿心、龙马精神。

题组五：负荆请罪、三人成虎、河东狮吼、程门立雪、金戈铁马、笑逐颜开、千钧一发、纸上谈兵、风和日丽、邯郸学步、大器晚成、庖丁解牛、甜言蜜语、雷霆万钧、指鹿为马。

三、模仿训练

1. 动作模仿

（1）模仿正确的坐姿，正确坐姿的示意图如图16-3所示。

上背部挺直，双肩放松

椅背契合下背部曲线

臀部尽可能贴近椅背

屏幕上端与视线持平

双臂和手指放松，大臂和小臂成90°夹角

小腿与大腿成90~110°夹角，有足够空间

图16-3 正确坐姿示范图解

（2）模仿正确的握手姿势，正确握手的姿态如图16-4所示。

①迎向对方：如果两人距离较远，需要马上迎向对方，在距其1米左右伸出右手，握住对方的右手手掌。

②时间和方式：握手的恰当时间应为两三秒，上下动两三次，然后松开。握手的应该是手掌对手掌，而不是指尖对指尖。

③握力：握力不可过轻或者过重。轻握代表犹豫与胆怯。握得太用力表示过于热情或专横。中等握力传达出信心和权威。

要求：
— 目视对方
— 面带微笑
— 稍事寒暄
— 少许用力

图16-4 握手姿势示范图

（3）模仿正确的迎宾姿势，迎宾礼仪的正确姿势如图16-5所示。

图16-5　迎宾礼仪正确姿势示范图

2．声音模仿

（1）职场常用语模仿。

谢谢！

我相信你的判断。

告诉我更多吧。

我来搞定它。

我支持你。

乐意效劳。

让我想想。

你是对的。

做得不错。

和你合作真的很愉快。

（2）职场情景模仿。

微课17　自学能力
提升小妙招

一天上午，上级来检查工作，我和几位领导与同事在大门口迎接。只见一位上级领导一下车，就抱住我们的一位领导："你是怎么长得，现在还是这么高？来，我帮你长高点。"边说边做着向上提的动作，只听我们领导乐呵呵地说："好，好，来来，全靠领导们提拔，全靠组织提拔。"这话一说，众人都大笑，感觉一下子亲近了许多……

同学们，想一想，如果换做是你，如何应对这样的场景呢？这就是高情商吧，这不仅仅是聪明，更善于机智应变！

3. 表情模仿

模仿图16-6进行微笑练习，模仿图16-7进行鼓掌。

图16-6 微笑示范图

图16-7 鼓掌示范图

四、沟通训练

职场上，大家都知道团队的配合非常重要

要密切配合，团队之间的沟通就非常关键

图16-8 沟通训练卡通图

观看视频《职场沟通技巧》，分成若干小组，五人一组，组内五人依次表达自己的心得体会。

五、创新训练

正话反说小游戏：锻炼逆向思维、创新思维。正话反说卡通画所图16-9所示。

图16-9 正话反说卡通图

游戏流程如下。

（1）游戏分两队，每队成员数相同，每队成员排成一列面对大家。

（2）主持人依次出题"江河日下"，第一个选手念"下日河江"；主持人出题"说曹操，曹操到"，第二个选手念"到操曹，操曹说"等，如此按次序，每队所有成员都完成主持人出的题目，反应迟钝或念错者直接罚下。

（3）第二组按上面规则重复一次。

（4）难度可逐渐加大，第一个出三字题，第二个出四字题，第三个出五字题。

（5）两队都完成后，淘汰最少成员的一队获胜，输的一队成员接受惩罚。

三、自我测评与提升

1. 课程体验

请用自己的语言描述本课的体验。

2. 克服障碍

通过学习本课，你觉得自己在自学能力方面最欠缺的是哪个模块呢？你将通过什么方式加强训练呢？根据个人情况，制定一个自学能力提升训练行动表（表16-1）。

表16-1 自学能力提升训练计划表

欠缺模块及行动计划	
欠缺模块	
行动目标	
行动方法	
行动安排	
行动保障	

视频链接：（教学配套视频）https://www.bilibili.com/video/BV1Gr4y1q7BE《职场沟通技巧》。

组织协调能力

众志成城，坚不可摧。——《国语·周语下》

训练目标 通过集体测试环节，提升自己的组织协调意识、服从决策能力。

情景导入

为什么要提升组织协调能力呢？

微课18 组织协调能力

> 美国管理学家彼得·杜拉克曾说过："管理者应当学会有效地组织与安排各项工作，在部门内形成一种协作、团结、向上的氛围。这个时候每个人的能量得到最佳发挥，这也正是你所需要的。"

> 组织的必要是因为个人能力有限，组织的目的就是团结一致、合理分工。

> 世界质量管理专家爱德华兹·戴明也说过："身为领导者必须善于组织大家去实现目标，对问题了如指掌，及时提出行动的方法和步骤，加以解决。"

> 那么什么是组织、什么是协调呢？

> 打个比方，单位通知开会，大家来了，就是组织的结果，会务人员引导大家和领导就座，维持会场纪律，这就是协调。同学们，你们明白了吗？

一、知识准备：组织协调能力的含义

组织协调能力是指根据工作任务，对资源进行分配，同时控制、激励和协调群体活动过程，使之相互融合，从而实现组织目标的能力。一般认为，组织协调能力包括组织能力、授权能力、冲突处理能力、激励下属能力。

组织协调能力主要考查应试者对工作任务进行结构分解，对资源进行合理配置，有效地组织关系和人际关系，控制群体活动过程的能力。这类问题一般选取领导干部在工作过程中经常遇到的需要组织协调的棘手事情，包括对上级、对同事、对下属、对本单位、对外单位等各方面。

二、实践训练

（一）测试方法

组建团队。十人一组，将班级分成若干个小组。分成若干个小场地，小组自行讨论完成以下工作任务：①推选队长；②确定队名；③确定团队口号；④可拓展：队徽、队歌、队阵等。限时10分钟，最后根据每个队伍的完成情况、创新程度来评定排名。来看一看自己的队伍是不是最优秀的那支队伍吧！

（二）结果分析

组建团队环节涵盖了职场工作中组织协调、团队管理、相互配合、服从决策等能力，团队的完成度越高、个人的参与度越高证明你的组织协调能力越强。

知识拓展

案例故事

员工最开心的事情莫过于升职加薪，但在现实职场中，能顺利升职加薪的人少之又少。很多人认为想要从基层员工晋升为管理者，单靠努力即可。但是，如果仅靠努力就能晋升为管理者，那么晋升也未免太简单了。当然我们不能否认努力是晋升的基础，每个从基层员工晋升为管理者的人都离不开自身的努力。但是想要晋升为管理者，除了努力，还需要具备以下三种能力。

1. 主动发现并解决问题的能力

外贸公司的小王，刚毕业两年就从一名基层业务员晋升到团队主管，他能得到晋升确实有过人之处。刚进公司不久，他就发现许多客户合同条款不合理，导致亏损严重，老员工虽然知道，但没人愿意去解决（毕竟会损害客户利益），小王三番五次地找客户洽谈，最后把固定费用按照销售目标转嫁成费用点数，为公司提升了至少5%的利润，之后公司顺理成章地把他提升为了团队主管，主抓合同条款相关事宜。企业之所以愿意花成本雇用员工，最根本的原因在于让劳动者去发现并解决企业存在的问题，从而为企业带来效益。基层员工能做到被动地解决问题就算合格了，但想要成为管理者必须具备主动发现并解决问题的能力。

2. 拔高一层的思维能力

一个人的思维方式及思维能力往往决定了一个人的行动，进而决定了事情的结果，最后影响整个人生的发展。在工作中，想要成为管理者，就应该让自己先具备管理者的思维，学着从上级的角度去思考并解决问题，否则很难成功。为什么强调要具备拔高一层的思维能力呢？试想，总是以基层员工的思维方式去看待问题，又怎么能理解公司政策？理解上司的难处？又怎会有进步？站在上级的角度思考问题，能更好地培养自身职业素养，也能为将来的职业发展做铺垫。

3. 组织协调能力

三国时期的刘备论个人能力远不如曹操，却能独据蜀国，关键在于他善于用人。先是桃园三结义收下了关羽和张飞两员猛将，引导两人与自己一起图谋大业，后又三顾茅庐引诸葛亮出山，并使诸葛亮心甘情愿地辅佐自己，最后才有了蜀国。让团队成员能按照领导者的意愿达成相关事项，就是组织协调能力的体现。

读读想想：组织协调能力是职场提升的必备能力，应当从哪几个方面进行提升？

—— **拓展实践训练** ——

1. 神笔马良活动

游戏玩法：在地上放一张1平方米的大纸，一支大毛笔上面均匀绑着10条绳子，所有队员（按照之前的分组）拉绳子的末端，所有人不得接触毛笔，按照老师的要求完成指定的写字任务，按照完成任务的时间、所绘文字的美观程度进行打分，如图17-1所示。

游戏目的：加强团队合作精神，培养团队配合协作能力，感受团队配合协作中各成员之间的沟通方式与行为方式的变化并及时调整方案，提升团队士气，激发学生的活力。

图17-1 神笔马良游戏图示

2. 顶气球运动

道具：气球一个、绳子一条。

参加人员：两组对抗（每组一般为3~7人）

游戏规则：游戏开始前先把绳子沿场地的正中间拉开，然后双方排开用头顶球，哪方先落地为输，双方轮流发球。体现配合能力和竞争能力。（注意只能用头，不能用身体的其他部位）

图17-2　顶气球运动游戏图示

　　游戏目的：增强团队凝聚力，加强团队服从与奉献的精神，促进团队沟通，增强团队协作能力。

三、自我测评与提升

　　1. 体验过程

请用自己的语言描述本课程体验。

　　2. 克服障碍

通过学习本课，你觉得自己在组织协调能力方面最欠缺的是哪个模块？你将通过什么方式加强训练？根据自身情况，制作提升组织协调能力计划表（表17-1）。

表 17-1　提升组织协调能力行动计划表

欠缺模块及行动计划	
欠缺模块	
行动目标	
行动方法	
行动安排	
行动保障	

视频链接：（教学配套视频）

https：//haokan. baidu. com/v？pd = wisenatural & vid = 7347146414433300640

《职场新人如何快速融入团队01良好的沟通协调能力》

管理能力

成功源自自我管理能力的提升。　　　　——佚名

一头狮子带领的一群羊可以打败一群由羊带领的狮子。——拿破仑

训练目标　通过学习提升、案例分析、常规训练，掌握并实施管理能力提升的方法和途径，增强与时俱进的学习意识，把学习摆在重要地位，在实践中获得经验，更新知识，不断地提高自身素质，以适应工作的需要。

情景导入

作为一名职场新人，要如何提升自己的管理能力？

　　首先，要提升自己的管理能力就要做好自己。其次，从管理能力的几大要素，即领导能力、解决问题能力、工作计划的能力、学习能力、沟通能力、人才辨识能力开始提升自己。

一、知识准备：管理能力的含义

　　要提高管理能力就要树立创新观念。创新是现代管理的重要功能之一，管理创新与科技创新不同，它不是个人行为，而是一种组织行为，是一种有组织的创新活动。通过训练，培养自身的创新能力。

　　管理能力是指一个系统组织管理技能、领导能力等方面的总称，从根本上说是提高组织效率的能力。也可以理解为无论处于哪个环境，一个团队是否强大是由他的管理者的能力决定的。管理能力有很多方面，主要包括以下几种关键能力：第一，领导能力。作为管理者，要用自己的个人修养和魅力来影响团队，这样才会有更多的人和你一起工作。第二，解决问题的能力。在工作中会遇到很多问题，只有有能力解决才能有效化解冲突，处理矛盾，让工作更加高效。第三，工作计划的能力。工作的过程重要，结果也很重要，只有有详细的过程，才能提高工作效率。第四，学习能力。只有提升自己，才有能力管理和带领优秀的团队。第五，沟通能力。如果管理者的沟通能力强，就可以倾听到团队的心声，也能够及时发现团队的问题。第六，人才辨识能力。伯乐相马，知人善任。

二、实践训练：自我测试

（一）测试题目

作为职场新人，你是否具备"冲锋陷阵""攻城拔寨"的能力？如果有不足，该如何提升？从哪里提升？通过测试，能更清楚地认识自己，从而使目标明确。

1. （　　）是一种利用集体智慧思考和解决问题的团队创新性思维方法。

    A. 头脑风暴法   B. SWOT法

    C. 六顶帽子法   D. 思维导图法

2. 小何想提高自己的自我认知能力，以下方法中对他提高自我认知能力最没有帮助的是（　　）。

    A. 通过观察反思自己的行为   B. 通过阅读反思自己的行为

    C. 只进行大量细致的观察   D. 通过讨论反思自己的行为

3. 一般来讲，中期职业目标的时间段是（　　）。

    A. 1～3年   B. 3～5年

    C. 5～10年   D. 10～20年

4. SMART原则在我们制订目标时能提供很大的帮助，以下不属于SMART原则的是（　　）。

    A. 目标是可衡量的，有量化的标准

    B. 目标是有时间限制的，要设置达到目标的时间

    C. 不要一次设定三个以上的发展目标

    D. 目标是明确的，要精确描述想得到的结果

5. 小张和小王在同一个部门工作，但两人对工作计划的看法不同：小张认为"计划是没有用的，因为计划赶不上变化"；小王则认为"任何工作都需要详细的计划"。下面关于两人的观点的说法正确的是（　　）。

    A. 小张的观点是对的

    B. 两人的看法都是片面的，都有一定的问题

    C. 两人的看法都是正确的

    D. 小王的观点是正确的

6. 小刘最近经常与一些有经验的同事或专家在一起，通过观察他们的工作方法、向他们请教等方式进行学习。这是学习方法中的（　　）。

    A. 委托培训   B. 岗位轮换

    C. 远程学习   D. 工作伙伴

7. 根据三环领导力模型，领导工作的主要方面不包括（　　）。

    A. 完成任务   B. 提高业绩

    C. 建设团队   D. 发展个人

8. 小居发现自己每天被一些杂事缠身，工作时常常找不到头绪，不知道哪些工作该优

先。下列工作需要优先做的是（　　　）。

    A. 闲聊的电话   B. 帮助团队成员解决问题

    C. 干扰   D. 鸡毛蒜皮的小事

9. 自信对取得成功有很大帮助，下列关于自信的说法错误的是（　　　）。

    A. 在不触犯别人权利的前提下坚持自己的权利

    B. 简明扼要地说出自己所想，不需要理由

    C. 不顾及他人感受的发言

    D. 用直接和适当的方法表达自己的需求

10. 人们在沟通或交流时，彼此间总会保持一定的距离，关系不同，距离也不一样，通常的社交距离是（　　　）。

    A. 0～0.5米   B. 1.25～3.5米

    C. 0.5～1.25米   D. 3.5～7.5米

11. 沟通的目的是人们在沟通中首先要考虑的因素，下列关于沟通目的的说法不正确的是（　　　）。

    A. 人们在进行沟通交流时经常希望达到多种目的

    B. 沟通的方式方法和沟通的目的没有关系

    C. 沟通必须有明确目的，这是使沟通有效的基础

    D. 当沟通的目的不止一个时，需要确定最主要的目的

12. 有经验的推销员在推销的最后环节往往不问对方"买不买"，而是直接问"您打算买几个"或"您买什么颜色的"。这种提问属于（　　　）。

    A. 单选式提问   B. 封闭式提问

    C. 开放式提问   D. 多选式提问

13. 道具沟通是指人们借助操纵物体或者布置环境来传递一定的信息，下列不属于道具沟通的是（　　　）。

    A. 环境的布局设计   B. 装饰周围环境的花费

    C. 环境的颜色搭配   D. 办公用品的陈设

14. 白总打算召开一次公司高层座谈会，讨论公司下一步的发展策略。这句话没有包含沟通的关键点中的（　　　）。

    A. 目的意图   B. 沟通对象

    C. 方式方法   D. 时间安排

15. 小赵在公司的报告会上介绍新上马的项目情况时使用了PPT等视觉辅助手段，他这样做的原因主要在于（　　　）。

    A. 公司的规定   B. 吸引听众参与

    C. 小赵的个人爱好   D. 报告的必要格式内容

16. 下列内容不属于商业文件普遍具有的三要点的是（　　　）。

    A. 主题   B. 目标

    C. 建议   D. 要求采取的行动

17. 某公司制作产品宣传册，只有投入三个专门小组才能达到良好的效果，但碍于经费的限制，只能投入两个，这种做法考虑的是优质信息的（　　　）。

    A. 正确的内容　　　　　　　　B. 正确的形式和人员

    C. 恰当的时间　　　　　　　　D. 适量的费用

18. 小倪所在的团队要举行一个会议，但是会议主持人并没有将会议的目的告诉大家，大家认为应该讨论该次会议的目的。你认为团队成员的做法是为了（　　　）。

    A. 决定会议的时间　　　　　　B. 决定会议有没有必要召开

    C. 决定会议的效果　　　　　　D. 决定会议的方式

19. 会议中经常会出现一些意外状况和困难局面，这不包括（　　　）。

    A. 偏离主题　　　　　　　　　B. 独霸会场

    C. 私下开小会　　　　　　　　D. 讨论过于热烈积极

20. 小阮是一个思考型的人，下列最符合他的特征是（　　　）。

    A. 逻辑思维、坚韧不拔、学识渊博

    B. 认真负责、小心谨慎、经济头脑

    C. 逻辑思维、不动感情、注重细节

    D. 激情奔放、发号施令、形象思维

微课19　管理能力

（二）结果分析

参考答案：

1～5　ACBCB　6～10　DBBCB　11～15　BBBDB　16～20　CDBDA

每题1分，最后统计你的得分，了解你的管理能力。15～20分，具有较强的管理能力，具有系统的领导组织能力、沟通协调能力和计划执行能力。10～14分，说明你具有一定的组织管理能力。1～9分，说明你的管理能力欠缺，需要通过学习，提升领导力，增强计划执行力，提升学习能力，增强沟通能力和解决问题的能力。

知识拓展

【案例故事1】

一位年轻的炮兵军官上任后，到下属部队视察操练情况，发现几个部队在操练时有一个共同的情况：在操练中，总有一个士兵自始至终站在大炮的炮筒下，纹丝不动。经过询问，得到的答案是操练条例就是这样规定的。原来，操练条例遵循的是用马拉大炮时代的规则，当时站在炮筒下的士兵的任务是拉住马的缰绳，防止大炮发射后因后坐力产生的距离偏差，减少再次瞄准的时间。现在大炮不再需要这一角色了，但操练条例没有及时调整，出现了不拉马的士兵。这位军官的发现使他受到了国防部的表彰。

读读想想：

我们管理需要科学计划、合理分工。只有每个员工都明确自己的岗位职责，才不会产生推诿扯皮等不良现象。如果公司像一个庞大的机器，那么每个员工就是一个个零件，只有他们爱岗敬业，公司的机器才能得以良性运转。公司是发展的，管理者应当根据实际动态情况对人员数量和分工及时做出相应调整。否则，队伍中就会出现"不拉马的士兵"。成语"滥竽充数"也可以说明这个道理。

【案例故事2】

美国知名主持人林克莱特一天访问一名小朋友，问他："你长大后想要当什么呀？"小朋友天真地回答："我要当飞机的驾驶员！"林克莱特接着问："如果有一天，你的飞机飞到太平洋上空时所有引擎都熄火了，你会怎么办？"小朋友想了想说："我会先告诉坐在飞机上的人绑好安全带，然后我挂上我的降落伞跳出去。"

当在现场的观众笑得东倒西歪时，林克莱特继续注视这孩子，想看他是不是自作聪明。没想到，孩子的两行热泪夺眶而出，这才使林克莱特发觉这孩子的悲悯之情远非笔墨所能形容。于是林克莱特问他："为什么要这么做？"孩子的答案透露出一个孩子真挚的想法："我要去拿燃料，我还要回来！"

读读想想：

你真的听懂了对方说的话了吗？你是不是也习惯性地用自己的权威打断对方的语言？我们经常犯这样的错误：在对方还没有来得及讲完自己的事情前，我们就按照自己的经验大加评论和指挥。反过头来想一下，如果你不是领导，你还会这么做吗？打断对方的语言，一方面容易做出片面的决策，另一方面使对方缺乏被尊重的感觉。

拓展实践训练

管理能力提升的方法

1. 确定自己需要提升的是哪方面的能力和方向

先从自我进行分析，理出自己的能力清单。例如，了解自己的优势（突出的能力）有什么？目前想要做好的工作中需要具备什么样的能力？对于工作中需要具备的能力，我还需要提升哪方面的能力？我要如何提升这些能力？这样列出来就可以明确自己的优势、提升的能力和方向。

2. 制订行动计划并执行

只有建立科学、合理的知识结构，才能有效地提升自己的专业能力。例如，除了需要钻研专业知识的深度，如管理专业知识的深度，还有相关领域的知识面的广度，建立理想的知识结构。同时记得把学到的知识方法、技能工具应用到自己的管理实践中。例如，你学习了时间管理的知识和方法，就需要为自己制订一个改善的落实计划，进行执行落实，适时地检查自己的执行情况，改善存在的问题，把自己掌握的知识积累成实践行动。

3. 积极通过参加各种教育途径学习管理知识技能

例如，通过参加管理知识讲座、管理热点问题讨论、管理经验交流、管理技能培训、MBA（master of business administration，工商管理硕士）等培养管理者的途径，还能够结识更多的人脉，和更多人的同行人交流，找到更多的机会。

4. 在工作实践中提升

在工作中，我们可能会碰到很多情况，如通过职务的升降变化扩大工作范围，进一步扩大管理者的视野，接触不同性质的工作，进而培养管理者的全局观；或者公司有系统地安排的管理主体讨论会、训练等，这些都是在实践中提高管理技能的有效方法。

参 考 文 献

[1] 魏凯. 高职生社会责任意识培育途径研究 [J]. 烟台职业学院学报, 2022.17 (07): 37-41.

[2] 陈晓磊, 杨叶平. 论新时代青年社会责任意识培育的实践路径 [J]. 淮南师范学院学报, 2022.24 (01): 26-30.

[3] 于焱, 贾真一. 培养亲和力 [J]. 企业管理, 2012 (11): 78-79.

[4] 王晓丹. 如何培养航空服务人员的亲和力 [J]. 度假旅游, 2018 (12): 50-51.

[5] 曹爱宏. 职商 [M]. 北京: 中国财富出版社, 2015.

[6] 黎泽. 职商 [M]. 北京: 人民日报出版社, 2018.

[7] 李远拓. 学习高手 [M]. 北京: 北京联合出版公司, 2020.

[8] 陈春花. 管理的常识 [M]. 北京机械工业出版社, 2010.

[9] 蒋欣然. 哈佛职商课 [M]. 北京: 龙门书局, 2011.

[10] 刘烨. 世界500强职商测试题 [M]. 北京: 中国工人出版社, 2004.

[11] 吴甘霖. 职场发展看职商 [M]. 北京: 中国电力出版社, 2014.

[12] (美) 莎娜 (Sanna, E.). 职业评估 [M]. 靳楚楚, 译. 北京: 中国劳动社会保障出版社, 2014.